U0012390

金商道

The positive thinker sees the invisible, feels the intangible, and achieves the impossible.

惟正向思考者，能察於未見，感於無形，達於人所不能。 —— 佚名

數位轉型全攻略

全攻略

虛實整合的WHAT、WHY與HOW

台大商研所教授

黃俊堯──著

只要開始轉型，就有翻身希望

台大榮譽和 EMBA 兼任教授　湯明哲

　　近 50 年來，對企業最大的衝擊大概是電子科技，從大型電腦到 PC，從 PC 到互聯網，從互聯網到手機，不只大幅增加個人福祉，更大幅改變企業的競爭生態（business landcape），迫使企業也要大幅改變企業競爭策略，進行數位轉型。轉不過去的，就會被時代淘汰。要不要轉型？如何轉型？是企業都在問的問題。

　　以 IBM 為例。IBM 在 1982 推出 PC，沒想到 PC 軟體和硬體進步的速度，遠遠超過大型主機，由於 IBM PC 策略錯誤，做成開放系統設計，大家都可做 IBM 相容的 PC，結果 PC 市場廝殺慘烈，價格大幅滑落，PC 取代了大型電腦，IBM 銷售大跌，到 1994 年，IBM 一年虧損 50 億美金。CEO 下台，新的 CEO 只好轉型。新的策略是將 IBM 定位成資訊系統的完整方案提供商（IT Total Solution Provider），不再是硬體製造商，轉型成

功，股票 8 年漲了 8 倍。這是上世紀最偉大轉型成功的案例。轉型不成功的例如柯達、摩托羅拉，則灰飛煙滅。

本書對於數位轉型的需求有非常詳細的描述。對於轉型的策略提出 5P 的檢驗模型，最值得稱道的是，本書收集的案例非常多，黃教授花了極大的心力，收集國內外數位轉型的案例，加以分析、歸類。他山之石可以攻錯。不論是製造業、零售業、服務業都可以在本書內找到類似的案例。

要不要轉型？這要看數位的衝擊是破壞式創新還是持續性創新；如果是破壞式創新，企業要提早轉型，但風潮開始時，我們無法判斷是哪一種創新，例如亞馬遜（Amazon）在 1996 年創始時，對實體零售業還構不成威脅；20 年後，發現電商是實體商的破壞式創新時，為時已晚。面對電商的競爭，實體商店幾乎無力招架。百年的西爾斯（Sears）在 2018 年 10 月宣布破產，沃爾瑪（Walmart）這家美國最大的實體零售商，先是自己辦電商，不成功，然後併購了一家電商，開始反擊亞馬遜。

首先，由於沃爾瑪在美國有 4,700 家店面，美國 90％的人口都位在沃爾瑪店面的方圓 10 公里內，於是，沃爾瑪將店面變成取貨中心，顧客可以在線上訂貨，在沃爾瑪店面取貨，非常方便，店面事實上已經成為倉庫。第二，沃爾瑪宣稱如果在下午 3 點以前網路訂貨，第二天就可送達，因為是從沃爾瑪店面直接送

出，反觀亞馬遜最快也要第 3 天才能送達。第三，沃爾瑪送貨員可以將生鮮食品送到顧客的冰箱內。送貨員透過電子鎖的設定，身上穿戴了攝影機，可以進入顧客家中，將生鮮食品直接擺到冷凍庫或冰箱。這樣做成本不高，卻大大打擊到亞馬遜的痛點：生鮮食品。經過幾年的努力，沃爾瑪已經成為美國第三大電商，但 2018 年的市場占有率還是只有亞馬遜的十分之一。雖然沃爾瑪的數位轉型之路也是走得顛顛簸簸，但不開始轉型，永遠沒有翻身的希望。

本書非常適合時代的需要，對於數位轉型有方向、策略和執行細節。值得讀者好好細讀。

成功數位轉型的「外功」、「內功」，還有「助攻」

91APP 董事長　何英圻

　　相信多數企業深刻感受這幾年數位衝擊，市場變局壓力驟然加劇，「數位轉型」成為一支搭在弓上不得不發的箭，各行各業紛紛想藉數位力量進行變革。

　　熟識黃俊堯教授的朋友都知道，黃教授投入互聯網與企業數位變革研究長達 20 多年，是此領域的權威專家。隨著市場上一波又一波的數位巨浪衝擊，書中黃教授從思維、策略到實作深入淺出，輔以國內外數十個成功轉型案例說明，提供企業從打好外部顧客經營的「外功」，到重整內部組織運行的「內功」，一套數位轉型完整修練戰法，一步步的具體建議，絕對能指引巨變下茫然的企業經營者幾條既落地、又可行的道路。

　　全零售產業受到互聯網高速變化，消費型態轉變，也正進行大規模數位轉型。91APP 作為協助零售轉型的服務商，從這幾

年不斷擴增的服務中，清晰可見當前零售企業所正面臨的挑戰與處境。

品牌投入數位轉型多半都從「外功」練起。為提供顧客更加便利、一致性的線上購物體驗，我們協助品牌建立購物 APP 與跨裝置購物官網，打通線上電商後，品牌進一步發掘用戶資料與消費數據的重要性，接著我們協助品牌建立獨立會員系統 (CRM)，甚至延伸至實體門市布建數位工具，掌握更加完整虛實融合 (OMO) 的全景數據，協助品牌精準行銷與全通路的會員經營。

然而要推動數位轉型還必須有「內功」修練。許多品牌經營者原以為只要能導入新科技工具，便能轉身脫胎換骨；但企業往往忽略在營運與服務流程上必須重組，組織也必須重組，若依然在舊體制、舊流程下，勢必產生利益衝突，甚至會導致內部出現組織抗拒，新科技導入則會一再失敗。企業若未重視將其升級為組織變革的題目，數位轉型終究難以實現。

從「外功」一路到「內功」更需加上「助攻」。企業要重組建立新工作循環是巨大挑戰，改革項目多，影響層面廣，牽一髮動全身，許多實體起家的品牌總經理都告訴我，這讓他們頭痛不已；但如果可將過往不熟悉或從未有過執行經驗的工作項目，如線上線下系統建置與整合、電商操作、數位廣告投放、全通路活

7

動操作、全景數據分析與會員經營……等虛實融合相關要務，交由像是 91APP 這樣協助零售數位轉型的服務商來協作，甚至代營運，有了專業的「助攻」，不僅緩解組織變革一部分的壓力，更讓企業可專注重組新工作團隊，引領門市與店員成為推動數位轉型的助力，轉動新流程，並讓新工作循環能在組織中順暢運行。這樣一來，組織變革才會發生，數位轉型才會成功。

　　黃教授為企業經營者在邁向數位轉型之路，提供諸多良好的方法論及參考架構，本書可稱當代企業變革的最佳實戰寶典。企業因應變革不僅需要「外功」，更要建立「內功」，若再加上「助攻」，數位轉型將快速成功。再不改變，將被淘汰，因此數位轉型勢在必行，率先切入者將更有機會成為下一波市場贏家。

數位轉型的執行成效

資誠創新諮詢公司 (PwC Consulting) 董事長　**劉鏡清**

　　這幾年，數位轉型這四個字，是各企業非常重視的議題與難題。但是坊間卻很難見到相關書籍可以淺顯易懂的讓人清楚數位轉型是什麼？內容是什麼？及執行的案例與成效。這本書可以說是這幾年，我看過最容易懂的數位轉型，我相信詳讀此書，對企業的數位轉型競爭力必定有所幫助。

　　個人從事顧問行業多年，看到不少沒有成果的數位轉型，或者是說無效的數位轉型，這些數位轉型通常有下列的盲點或迷思，這些迷思的答案可以在書中找到：

1、轉型目標模糊：

　　多數企業在轉型的時候，對於轉型的目標，常只有方向而沒有明確目標，尤其缺乏數字目標，是造成轉型失敗的原因。我們常常聽到很多老闆說，我要做工業 4.0、我要做數位零售轉型，

9

我要做數位金融轉型，於是他們就交代員工，開始進行轉型，但是轉型的目標模糊又缺乏客戶的同理心，員工常抓不到核心重點，執行效果也因為缺乏數字而無法驗證。

2、領導力不改變：

在數位轉型過程中，領導團隊缺乏真正了解數位化的專家，也因此數位轉型的過程中，缺乏數位領導力與決策力，結果轉型變成員工層級的事情，再加上員工對未來變革的不安，形成數位創新的衝突與抵制，這種變革中組織的拒絕行為，也造成數位轉型難以有好的成果。

3、缺乏明確的轉型路徑：

轉型目標不明確，又缺乏轉型的路徑，是數位轉型的致命傷。因為轉型路徑不清楚，就不會去評估轉型路徑上所缺乏的能力、資源與組織，在轉型變革中當組織出現能力不足的時候，員工就會變得非常的沮喪，而且覺得壓力很大；此時員工就會找到其他的避風港，這避風港往往就是專注於他原本的工作，或是可以簡易展現的模糊化的口號效益，換句話說，原本的工作做得好，依舊可以得到激勵與報酬，同時可遮掩住轉型工作的失敗，這也是為什麼企業轉型不容易成功的原因之一。

4、總以為員工是萬能的：

多數公司的數位轉型，是透過既有員工兼差的方式進行，也就是他除了原來的工作還會額外增加數位轉型的新工作，當事情一忙碌起來，員工就會以原來的工作為優先，忽略了新增加的數位轉型工作，最終老闆也會因為如此而對結果進行妥協，這個妥協也耽誤了很多企業的轉型。

因此，我建議，大家可以好好詳讀這一本書，從中找到靈感，做好書中所提到轉型外功、內功與基礎，尤其是以客戶為核心的規畫，訂出你的「明確」數位轉型目標，有了明確精準的目標，就可以規劃出正確且明確的轉型路徑及時間表，當這兩項都具備之後，就可以檢討在這條路徑上我們所缺乏的能力以及資源，如果能夠及時補強，成功的機會就會變得很大。再者，不要什麼事情都自己做，當遇到不是你的核心競爭力的工作時，應盡量借助外力進行，也就是說可以找顧問公司、學校、策略合作夥伴……等，一起進行數位變革，增加成功機率。

另外，在驅動轉型變革過程中，還有一個很重要的因素，稱為「激勵因子」，如果沒有適當的激勵，轉型會變得很慢，轉型的效果與深度也會不足，做好這幾件事，我相信，您公司的轉型將會非常成功。

　　數位時代各業所面對的新局，一方面隨著技術應用的推陳出新，而有讓人目不暇給的場景變化；但另一方面，各場景的底層，卻仍存在著若干不變的道理。掌握新局中變與不變的基本邏輯，從而合理地彙整運用環境中各種虛實元素，因此便成為當代經營的關鍵課題。就著這樣的意義，本書企圖從數位轉型的本質談起，透過概念與案例的貫串，較為全面地與讀者一起探討轉型的 What, Why 與 How。

　　在遊戲規則與過往大相逕庭的今日，數位轉型一事的落實，多時既非「知難行易」，也不是「知易行難」，而是種「知不易，行更需膽識與耐性」的挑戰。個人作為一個早年受台灣栽培、拿教育部公費留學的管理領域學者，基於回饋的初心，集結近年觀察與研究寫就此書。希望在「知」這方面，較有系統地整理出數位轉型的若干關鍵線索，供台灣各業在摸著石頭過河的轉型過程中參考。

本書的完成，受益於台大較少條條框框限制的自由環境，以及商周自始的邀約、過程中的各項協助、後期專業到位的編輯呈現。尤其感謝湯明哲教授、何英圻董事長、劉鏡清董事長等先進百忙中不吝撥冗，替本書畫龍點睛。此外，對於近年在產業情境與課堂交流中陸續提供寶貴資訊與洞見的各方賢達，也一併在此致謝。最後，感謝家人們一直以來的協助、陪伴與支持。

《數位轉型全攻略》　目錄

不斷再合理化的修練

—— 1 ——

數位轉型，是當代的「顯學」。

在企業端，無論是大型企業的領導人、中小企業的老闆、各式企業中的各階層主管，乃至剛入行的社會新鮮人，這幾年必定從不同的角度，直接間接感受到數位轉型的壓力。

有趣的是，在各行各業人士意識到轉型壓力之際，除了跨國顧問業者近年「邊看、邊學、邊教」所集結而成的報告、媒體端常見較淺的報導、書市充斥的美國或中國數位原生企業「典範」外，常會覺得在可作為轉型參考的相關認知上，似乎還是比較零碎，像是缺了些什麼。

具體的一例。一位目前主要工作在於協助各行各業數位轉型的顧問業高階主管，閒聊之際，提及各種客戶都想知道「該怎麼『轉』」，想找些可供學習、參考的轉型個案。但在環境不斷變遷、轉型難有「終點」的局面下，卻很難找到完整、清楚、結合

個案與概念架構的指南。

而在這局中同樣略顯尷尬的，是全球的商學院。如倫敦大學國王學院（King's College）科技史專家大衛·埃奇頓（David Edgerton）教授所述，在大學裡被視為新研究主題者，常常是從業界既有的實作衍生而來。也因此，在快速變動的數位環境中，大學基本上比較處於不斷追趕的位置，而少扮演引領者的角色。雖然在全球龍頭商學院的高階管理教育端，已面臨必須為跨國企業開設數位轉型相關課程的壓力，但數位轉型相關研究，迄今在「追趕」的狀態下，仍片段而有限。更有甚者，過往幾十年間作為商學院標準教程核心的若干概念架構，則被業界有識者看出已與現實脫節、落伍。

在這樣的背景下，要有意義的討論企業數位轉型實作，勢必會面對各種困難與限制。不求花俏但求攸關的話，應該還是要回到環境變遷的緣由，與企業經營的根本，對數位轉型有系統的進行「本質性」的探討。

—— 2 ——

什麼是數位轉型的本質呢？

這是個非常關鍵，卻較少被辯證的問題。要釐清這個問題，必須先理解為什麼企業需要進行數位轉型。

包括「大數據」、「物聯網」、「人工智慧」、「區塊鏈」、「虛擬實境／擴增實境」等技術潮流，進入一般企業、媒體乃至大眾視野的時間，近者在三、五年前，遠則頂多七、八年前。就在這段時間裡，一方面「摩爾定律」的持續發威，讓那些屬於早年實驗室裡的項目——數據運算、傳輸、儲存的成本，降低到可以商業化的地步；另一方面，各國在 2008 年金融海嘯之後，貨幣寬鬆政策釋出的熱錢，則化為這些技術商業化的龐大推力。

　　資本驅動著技術，滲透到市場上各個領域，錢也推著技術，尋找更合理的出路。因此才造就了金融圈的「Bank 3.0」甚至「Bank 4.0」轉型壓力，零售業紛紛投入的「全零售」、「新零售」，製造業面對的「工業 4.0」浪潮，以及傳播領域零碎多元到令人目不暇給的「新媒體」變化。

　　錢推著技術找更合理的出路，讓能適當運用新技術的廠商，取代經營上顯出老態與疲態的廠商，是商業發展的定律。而昨天的合理作為，今天面對新的技術環境與顧客樣貌下「更合理」的可能性，便不再合理。在這樣的意義上，市場的發展、企業的經營與管理，就一時一刻看，求的是當下各面向的「合理化」（rationalization）；而放到時間軸線上，便見「不斷再合理化」（constantly re-rationalization）的動態。

　　數位轉型，本質上因此是**企業面臨快速變動數位環境的「不**

斷再合理化」進程。

—— 3 ——

全球好幾個世代都知曉乃至熟悉的 NBA 名將喬丹（Michael Jordan），31 歲那年曾從芝加哥公牛隊宣布退休，出人意外地加盟與公牛同一個老闆的職業棒球芝加哥白襪隊雙 A 小聯盟球隊。這位籃球天才，本著對於剛過世父親在他年幼時帶著他傳接棒球的追思，當時每天隨著球隊乘巴士奔波各地，早上六點半就到球場自主練打擊一個多小時，而後隨隊練習三小時，接著再自主練打擊半小時以上。如此執著與努力，換來的也只是整個球季 0.202 的打擊率。這過程中，喬丹常常提及自己的身心狀態和體態，其實都還停留在籃球球員的狀態，和棒球所需的修練功夫和體質還是有一段距離。1995 年，他再度回到 NBA 的芝加哥公牛隊，在熟悉的情境中拾回往日的榮光，帶領公牛開啟一輪三連冠的神奇籃球紀錄。

企業的數位轉型，與喬丹從 NBA 轉到白襪隊打小聯盟棒球這事，有好幾處相似的地方。兩者的轉變，脈絡上看來轉變前後都似乎仍屬於「同一個領域」——喬丹轉行前後，參與的都是職業運動；企業數位轉型前後的現實，再怎麼說也都是企業的經營。但兩者轉變之際，各環節所需調整的面向之廣、幅度之深，

箇中應對的各種難處，同樣都不是外人所容易體會。而無論喬丹在籃球場上戰績如何炫目，企業過往如何輝煌，轉換到新局面中，必然需要面對「在2A強度的比賽中打擊率卻只有0.202」一類的尷尬階段。同時，喬丹轉行後意識到自己的身心和體態仍停留在籃球員狀態；企業數位轉型過程中，組織成員的思考與習慣很人性，因而必然也有死守過往狀態的惰性。

而企業數位轉型與喬丹轉行一事的最大差別之處，則是喬丹理解到棒球與籃球的巨大差異之後，有餘裕再一次華麗轉身，回到老本行，再創職涯巔峰；但是**數位轉型對多數企業而言，今日已非可有可無的選項，而是為了生存而不得不走的不歸路**。

本書將有系統地與各行各業的讀者討論這「不得不走的不歸路」，如何思考、如何理解、如何規畫、如何邁開步子走，長期而言才能比較順遂些。

第1章，將從數位環境中企業轉型的必然性談起，詮釋數位轉型的「Why」與「What」。

在這樣的基礎上，第2章將探討「數位轉型策略」的多元視角，希望能提供一個涵蓋較為全面的轉型策略思考架構。

第3章到第5章，談的則是企業數位轉型「不斷再合理

化」過程中的「How」。簡單地說，它們談的是「數位轉型的『轉法』」。

第 3 章將討論對於數位轉型非常重要但常被忽視的基礎——數據與創意，以及它們聯合奠定的顧客體驗修練。

第 4 章，將探討企業內部需要改變的各個環節，本書稱之為數位轉型的「內功」。

有「內功」當然相對就有「外功」；第 5 章便就著顧客經營由淺而深的脈絡，談數位轉型的「外功」。

至於數位轉型過程中，耐心、膽識和常識的不可或缺，則將在最後的第 6 章中討論。

我們這就開始吧。

CHAPTER 1

這次不一樣

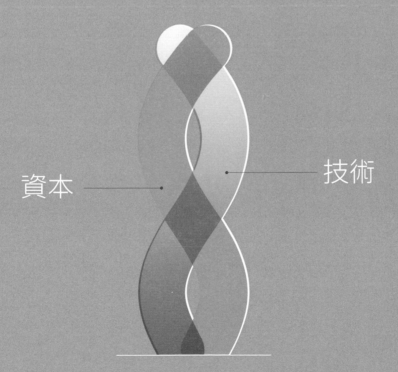

資本　　技術

「大師」也說不準

「雖然音樂產業發生了實體唱片受線上音樂流通影響而銷售量減少的狀況，但這種取代效果在絕大多數的產業裡並不嚴重。就算網路會取代產業價值鏈裡的若干元素，但是價值鏈被徹底顛覆的狀況，將極為罕見。」

「網路應用通常處理如告知顧客、處理交易一類，雖然有用但在競爭上並非關鍵的活動。對於企業而言真正關鍵的資產 —— 技術人力、獨特產品技術、高效率的物流系統等等 —— 並不會被網路影響到，且這些關鍵資產所代表的企業既有競爭優勢也會被保留下來。」

「新經濟的終結：網路基本上不會顛覆既有的產業或企業。網路甚少能取代一個產業裡競爭優勢的最主要來源；在許多例子中，網路事實上讓這些競爭優勢來源更為重要。在所有企業都擁抱網路科技之際，網路不會是競爭優勢的來源。」

本世紀初網路泡沫破滅之際，《哈佛商業評論》上有篇以〈策略與網路〉（*Strategy and the Internet*）為題的文章，對於泡沫破滅前的榮景以及榮景中被吹捧的技術，作出以上三段「蓋棺論定」般的結論。文章的作者大家都認得 —— 被許多人稱為「策略大師」的麥可・波特（Michael Porter）。波特教授在那篇文章中，主張網路充其量是舊瓶裝新酒，而所謂的「新經濟」已然終結。文中明確指出環繞著網路的各種發展，不可能去改變既有的產業，更不會對企業的經營，起到什麼樣根本性的影響。

將近 20 年後的現在，我們看到「新經濟」並沒有真隨著資本市場的那波泡沫破滅而一起陪葬。與波特教授當年所預言的恰恰相反，以網際網路為基礎的各種數位發展，近些年正重新定義企業關鍵資產的內涵，大規模顛覆市場競爭的遊戲規則。如果我們把時間軸拉得更長一些看，相對於幾個世紀間大家所熟悉的實體世界經營，「新經濟」的發展與影響實則剛剛開始。而在「新經濟」方興未艾的此際，好幾代 MBA 們嫻熟操作的「五力分析」、「產業價值鏈」等等分析假設與工具，適用的範疇反而開始萎縮。

這個時候，企業經營者開始意識到「數位轉型」的必要，但也對於這個課題多所困惑。

不只是流行風潮

　　企業的管理，在 20 世紀成為一門學問。尤其自 1980 年代《追求卓越》（*In Search of Excellence*）一書問世，成為第一本暢銷全球的商業書籍之後，市場上每隔幾年便會打著新的名號，鼓動新一波的管理風潮。兩三個世代的經營者這些年間於是見證了如「Z 理論」、「反敗為勝」、「五項修練」、「時基競爭」、「企業流程再造」、「組織再造」、「六標準差」、「基業長青」、「知識管理」、「藍海策略」、「平衡計分卡」、「精實創業」、「敏捷開發」等等管理流行風潮。這些流行風潮，往往聚焦於組織中的若干管理層面，透過易於理解的概念架構，倡導企業經營效率的提升之方。

　　譬如 90 年代流行的「企業流程再造」（BPR，Business Process Reengineering），便鼓吹企業透過組織重整（restructuring）、縮小規模（downsize）、節省成本（cost down）等途徑，進行變革管理，以提升經營效率。追求「更高效率」這樣的經營觀影響至廣，決定了組織怎麼運用資源、評估績效、看待市場。過往談企業變革，因此常傾向透過各種工具性

手段去「擰毛巾」，努力地把效率向上逼、把利潤擠出來。

在各種高階管理課程討論情境中，因此時有職涯歷程中曾經歷各種流行風潮的企業主管，質疑當下鑼鼓喧天、沸沸揚揚，在各行各業廣泛被關注甚至形成壓力的「數位轉型」，會不會只是又一波夾帶大量技術詞彙的新流行風潮，幾年後潮退了，便成過眼雲煙？

我們將以整本書的篇幅，來回答這個問題。最精簡的答案是：「**這次不一樣。**」

數位轉型的本質與關注重點，與過往對於幾十年間企業慣常的「變革」大相逕庭。而近年各行各業經營者面對數位轉型時，常有的困惑與懷疑，便常來自沒有意識到涵蓋甚廣的各種「這次不一樣」。

怎麼不一樣呢？本書將一層層去梳理、探討。簡單來說，所謂的「不一樣」，大致可歸納成以下幾點：

1. 企業數位轉型是個受資本推動技術發展所驅動的「**不斷再合理化**」過程。
2. 數位轉型對於多數企業而言，不是可有可無的經營選項，也不只是產、學、媒體炒作的產物，而是欲在**市場中生存的必要改變**。

3. 企業的數位轉型牽涉到整個組織從對市場的假設，到組織內各階層、各功能別的各個環節。

4. 就算隸屬於傳統定義的同一產業，不同企業因為既有資源與條件限制的差異，在如何「轉」這件事上，可能就需要有**截然不同的走法**。

5. 企業數位轉型為的不是短期利潤提升，而是**長期的生存與成長**。

6. 企業數位轉型沒有可以涵蓋各業的「完整」理論架構，也不會有「導入即可使用」的「套裝解」（turnkey solution）。此外，若干經營者近幾十年已習慣引用的思考模式與概念架構，漸漸失去其攸關性。

7. 過去管理界的轉型風潮中被奉為標竿者，常是在各領域經營根深蒂固、枝繁葉茂的大型企業。但當下談數位轉型，在各領域常被提出來當作師法對象者，卻常是一群**數位原生企業**。而就借鏡一事來說更為棘手的，是這些數位原生企業經營賴以發跡的純數位發展條件，又與多數實體原生企業在數位轉型過程中，所需應對的各種虛實整合挑戰狀況，大為不同。

8. 數位轉型一方面要求企業放棄過往經營的若干經驗，另一方面則又是個無法一蹴而就的累積過程。有意義的數

位轉型，建基於**數據與創意／想像力**這兩項互為因果的關鍵能耐**長期累積**。

9. 企業數位轉型需要經營者有不怕「**跟別人不一樣**」的膽識。這樣的**膽識，來自常識與勇氣**。

數位轉型的本質：不斷再合理化

　　這次不一樣。但真要掌握這「不一樣」的內涵，則需要理解我們眼下所見市場中，各種數位發展背後的基本邏輯。這所謂的基本邏輯，由**技術發展與資本累積**這兩條軸線相互交織而成；從經濟史的角度出發，最容易加以掌握。

　　談及歷史，如果回溯一下（譬如說以 Google Trends 去查）這幾年常常聽到的各種數位相關浪潮，譬如大數據、物聯網、工業 4.0、區塊鏈、FinTech、新零售等等，會發現它們開始出現在媒體上，一般大眾首次聽聞的時間，大約就在 2012 年到 2015 年之間。也就是說，距離現今幾年前，數位浪潮挾著與各行各業

都有關的技術、趨勢以及語彙,「忽然」席捲而來。而數位轉型的機會與壓力,也才隨之而生。

為什麼就在那幾年間發生呢?我們再從技術與資本這兩個面向加以理解。

先從技術的角度來看。在只有大型企業才可能擁有電腦,而一部電腦勢必以龐然大物之姿塞滿整個房間的 1950 年代,當時的電腦硬碟體積像是大型冰箱,需要四個壯漢合力才能移動,但是容量以 MB 計,且只有個位數。30 多年後的 1980 年代,桌上型個人電腦剛剛問世,一個 15MB 容量的硬碟,便要價美金二、三千元。再過 30 多年後的今天,大家隨身帶出門的手機上頭,隨隨便便就有 64GB、128GB 乃至 256GB 的儲存量。而同一支手機的運算能量,甚至遠超過人類於 60 年代後期登陸月球時,登月小艇上各種儀器設備的總運算能量。

技術與資本的追逐

這般歷史對照的背後,有一條對理解數位之局而言非常重要的技術軸線。這條軸線,就是由廣義的「摩爾定律」所代表的,技術持續進步下,數位運算、儲存乃至傳輸的成本不斷下降。正是因為這些成本不斷下降,幾年前開始,過去僅限於實驗室裡

如雲端計算、AI（人工智慧）、VR/AR、區塊鏈、IOT（物聯網）等數位應用項目，才得以進入市場，開始商業化的應用。

　　而如果從資本的角度來詮釋，則前次金融海嘯之際，各國為應急而施行又猛又急的量化寬鬆（QE）政策，額外創造出大量貨幣。這些新出現在市場上的「熱錢」四處尋找出路，讓全球在2010 ～ 2017 年間，隨著前述技術面的進展，而有了一波創業熱潮。資本所吹動的「風口」，除了鼓舞如所謂「獨角獸」企業一類的現象外，也推升加大了各種數位相關技術應用的商業化速度與力道。

　　就這樣，錢推著技術尋找應用的出口，抱注各種數位相關的創新；各種創新隨後則改變了不同市場中既有的遊戲規則。用白話來說，錢的本質，便是它會不斷地追求以更合適的方式，去讓錢滾錢。也就是說，**資本的慣性是循著市場上「最合理」的方式去累積，並且會不斷尋覓「更合理」的累積方向**。依照社會經濟學巨擘韋伯（Max Weber）對資本主義市場發展所做的詮釋，現代經濟體中的資本，有著不斷尋覓「更合理」發展的「合理化」動能──透過理性的計算，時時追求當下最合理的資源運用，以求報酬的最大化。

經濟發展的里程碑

　　資本的累積，產業的興衰，市場中新模式的發展，因此便在「不斷再合理化」的歷程中堆疊、變化。根據這樣的詮釋，所謂的「合理」或「不合理」，便都視既有環境條件，而有其**階段性**。譬如說航海，人類從史前到有歷史之後，有很長一段時間憑藉風帆航海；這在只有風帆的當時，自然是「最合理」的。但是，當輪船出現、相關技術到位達一定程度之後，再用風帆去謀求大量的商品運載，便不再合理了。這個階段「最合理」的運輸，靠的是蒸汽引擎推動的輪船。見微知著，在資本累積的過程中，市場上尋求「更合理」出路的金錢，便這般不斷透過創新的應用，推動著各種顛覆過往模式的新模式出現。

　　如果從經濟史的角度來看，則工商業的發展，其實是透過環環相扣的里程碑，長時間層層堆疊而成。每一個新里程碑的出現，都以前一個階段的發展成熟作為必要條件。如**表 1-1** 所整理的，若沒有複式簿記（現代會計系統的前身）的出現、合理的記帳方式被廣為接受，熟人和生人之間就很難集資組公司。而若沒有出現像荷屬東印度公司或英屬東印度公司這種公司型態的組織，在大航海時代從單次航行的募資、單次航行結算解散，發展到股東長期分擔利潤與風險、長期經營事業，那麼 18 世紀的蒸汽機技術，便很難大規模藉由鐵道公司、輪船公司、大規模紡織

表 1-1　經濟史中的若干關鍵里程碑

里程碑	歷史發展的關鍵時期
複式簿記的出現	15 世紀末
股份公司的形成	17 世紀初
工業革命的開展	18 世紀中
大量生產的落實	20 世紀初
虛實整合的經營	現在

廠、礦場企業而開花結果形成工業革命。而就是靠工業革命奠下的生產、物流基礎，讓 20 世紀初工廠通了電之後，出現福特 T-car 一類的大規模生產線。而如果沒有大規模生產複雜產品的經驗與技術累積，智慧型手機這類數位時代各種新商業模式的觸媒，便不可能量產普及。

近 20 年，由數位原生企業打頭陣、全球實體原生企業隨之接踵投入的數位轉型，企圖進行「位元」與「原子」的虛實整合。放到歷史發展的框架中看，企業的數位轉型，可說是經濟發展史上的又一個里程碑，也是自由市場中，資本驅動技術發展「不斷再合理化」常態的現階段歷程。

在這樣的背景下，若微觀地考量個別企業，那麼企業的經營，勢必也需要意識到過往「最合理」的做法，無論如何只是歷

史發展中的一個階段，終將被「更合理」的作法所取代。因此，企業為了長期的生存，勢必需要與時俱進地「不斷再合理化」。

因此，有意義的企業數位轉型，是企業在多變數位化環境中「不斷再合理化」的過程。

至於「不斷再合理化」的時空範圍與界限，則由企業領導者的視野與企業文化所決定，沒有一定的道理。這方面大概沒有誰能比阿里巴巴集團創辦人馬雲，幾年前在一段談話中說得更質樸通透：

> 「生意越來越難做，越難做越有機會；關鍵，是你的眼光。你的眼光看到一個省，你做一個省的生意；你的眼光看到全中國，你做的是全中國的生意；你的眼光看到全世界，你就有機會做全世界的生意。你的眼光看到今天，你做今天的生意；你的眼光看到十年以後，你做十年以後的生意。所以，生意關鍵在於眼光。」[1]

---

[1] 出自 2014 年 11 月馬雲在浙江烏鎮所舉辦首屆「世界互聯網大會」上的演講內容。

數位轉型的核心

　　企業數位轉型「不斷再合理化」這件事，在技術快速變遷的環境中，有什麼「不動」的根柢嗎？

　　若求的是長期而言能產生實際效益，則企業必然關注的轉型核心，是「顧客經營的不斷合理化」。這道理，可以從市場的供給與需求變化來理解。

　　就市場交易的供給端來說，多年來策略管理看待供給端的「產業價值鏈」圖像，正因為技術的變革與應用上的繁複接枝，而由傳統上線性的、價值一層層附加的「鏈」的概念，從離終端消費者最近的那一端開始，慢慢地交錯為非線性的「網」，從而演化成為「價值網絡」。近年消費市場中，食（例如數位叫餐外送）、衣（例如各種網購可能）、住（例如出遊時住房需求的滿足）、行（例如汽車共享、共乘機制）、育（例如各種線上教學）、樂（例如包含直播的各類影音內容創造與遞送）各環節所出現的新供給形態，在在彰顯出：就滿足特定消費需求而言，**市場的供給面已從傳統的「產業價值鏈」，演化而成各式「需求滿足的價值網絡」。**

米其林輪胎的「不斷再合理化」

法國米其林輪胎廠，長期以來都順著「不斷再合理化」的脈絡，經營其日益擴大的市場。

大家都知道的《米其林指南》，最早是 1900 年時，該公司創辦者米其林兄弟透過「大家越有興趣開車旅遊 → 汽車的需求與開車的里程數越高 → 輪胎的需求量越大」的思考，把有利於汽車旅行的地圖、餐飲、旅宿、加油等資訊匯集成冊，於巴黎萬國博覽會期間首度發行。發行當初免費提供給顧客的手冊，若以現代行銷溝通的概念來看，不啻是提供攸關價值給顧客的實體端「自有媒體」（owned media）。

推出全套輪胎解決方案

一個多世紀之後的今天，米其林的數位轉型動作，持續著「圍繞輪胎運轉，創造攸關價值給顧客」這樣的理路，透過數位可能性的應用而實踐「不斷再合理化」。

舉例而言，營業用的車隊（如貨運車隊、巴士客運車隊等）因為載重大、里程長、換胎頻繁，是米其林的重要客群。對車隊的管理者而言，旗下車輛各種輪胎的維修、更新、庫存、調校

等等，始終是麻煩而瑣碎的管理項目。認知到這樣的「顧客痛點」，幾年前米其林便向營業車隊顧客，推出 Effitires 輪胎管理系統，以 PPK（pay per kilometer, 每公里價格）的計價方式，搭配以導入物聯網機制的車載電子裝備、支援服務團隊與諮詢訓練，提供車隊經營主訂閱制的全套輪胎解決方案。

　　這套服務，包括專業運輸車輛路線規畫的 MyBestRoute、提供數位化新駕駛訓練的 MyTraining、激勵駕駛培養與維持良好駕車習慣的 MyRoadChallenge、數位化車輛檢查服務 MyInspection 等等，旨在透過數據的導引，讓駕駛發揮更大生產力、讓管理人員更落實執行車隊營運的再合理化。至於落地服務方面，則包括針對車輛規格與使用情境的新胎溝紋客製化、米其林服務人員於車隊駐點確保所有輪胎在最佳狀況下運行等等行之有年的措施。

利用數據轉型為節能顧問

　　所謂「不斷再合理化」，長時間而言便是以既有的合理化措施為基礎，鋪展新一層的合理化作為。晚近，米其林在這項受顧客好評的 Effitires 系統之上，再針對卡車車隊的節能需求，又衍生出 Effifuel 方案契約。該方案讓米其林與顧客共同預設燃料節省目標，融入整套輪胎解決方案中。若在米其林的管理之下，達

不到原先設定的節能目標，米其林便會根據合約，支付一定比例的賠償。

　　隨著這些解決方案陸續問世，對專業運輸車隊的客群來說，米其林的定位已經從輪胎銷售商，轉而為問題解決夥伴。對米其林而言，在這個數位轉型的過程中，主要面臨到組織文化與數據能耐兩方面的挑戰。短期內的處理，是設立一個新單位去負責新的商業模式運作，並且透過第三方數據合作夥伴，去補足米其林還沒辦法自力完成的數據端經營。

　　正因為供給面的多元化，所以需求端的各種消費情境，都有了過往無法想像的大量選擇。電子商務的發達，讓消費端可以輕鬆接觸世界各地生產的商品；共享經濟的擴散，使得消費者可以輕鬆取得便利的市區個人運輸、掌握與使用大量的短租房間案源；五花八門的新媒體，提供了海量的訊息與娛樂管道；甚至被高度監理的金融交易，也在新舊經營者的推陳出新下彈指即成。

　　這些近年在市場中普及的可能性，讓消費者滿足各種需求

的「轉換成本」大幅降低，「多地棲息」（multihoming）的可能性越來越高。此外，線上搜尋（search）與分享（share）的便利，讓顧客更容易取得資訊、交易經驗更容易自然流通擴散。總之，與過往相較，數位時代更是個「顧客說了算」的時代。

「攸關性」決勝負

在這樣的情況下，加以前述由固定「產業價值鏈」移向多元可能「價值網絡」的變化，常常讓供給端過往長期倚賴的「護城河」，出現潰堤的狀況。這時候供給端尋思建構新的「護城河」，就是一個再合理化的過程。而理解這樣的大局後，不斷再合理化的過程，自然就會受到「顧客導向」四個字所導引。

數位轉型的過程中，「顧客導向」的實踐與新「護城河」的建構，相比於計較要花費多少資源、導入多少新技術，更該計較的應該是，企業是否能保有乃至擴大它對顧客的「攸關性」（relevance）。市場交易中企業對於顧客的「攸關性」，簡單直白來說，就是「**當顧客想完成某件事時，想來想去找這家企業最妥當**」這件事。換句話說，從某家企業對於顧客的攸關性，便是對顧客而言選擇與這家企業往來的合理性。

百思買的 Renew Blue 轉型計畫

隨著電子商務業者對於業績的擠壓，美國電器 3C 連鎖零售業面臨極大的生存壓力。如 Circuit City、Radio Shack 等大型業者，陸續聲請破產保護。當此之際，1966 年創立的行業龍頭百思買（Best Buy），同樣面臨了連續數年的業績崩落，被不少股票市場分析師預言會是「下一個 Circuit City」。2012 年，董事會聘請來自餐旅業的 Hubert Joly 加入經營團隊，同年並在業績一片慘澹、高階主管離職、外界盛傳即將下市的風風雨雨中，任命他為 CEO。

Hubert Joly 上任 10 週後，告訴分析師他在 Best Buy 所將驅動的數位轉型，第一要務是要將 say-do ratio，從業界常見的膨脹數字往 1 逼近 —— 也就是說：他所帶動的轉型，要「說到做到」。

第1招 從「重塑顧客體驗」出發

Hubert Joly 自此在董事會的支持下，開啟名為 Renew Blue 的轉型計畫，而整個計畫的核心，是重塑顧客體驗。圍繞著這個核心，Best Buy 的數位轉型涉及：激勵員工配合轉型、與供

應商協力創造新價值、刪減與前面事項無關的費用,優化成本結構、關注資源循環利用與新生代發展等課題。

第2招 「買貴退差價」救業績

而針對3C連鎖零售業最嚴峻的showrooming問題,也就是數位時代裡消費者養成的「門店看貨,然後到線上向開價最便宜的電商下單」習慣,Hubert Joly釜底抽薪地啟動全面性、長期性的「買貴退差價」訂價機制。透過這樣的機制,先確保顧客持續與Best Buy往來,而後再透過如付費安裝、諮詢、維修服務,來增加單客貢獻。

配合這樣大膽的訂價方案,Best Buy在轉型過程中與供應商協力,提供更優質的體驗以創造新價值,並且針對非必要支出進行成本管控。譬如在1,400家店點為三星設置店中店,600家店點為微軟設店中店;2013年刪減7億6,500萬美元的成本,並且積極優化存貨管理。

第3招 連結營運面的「再合理化」與顧客忠誠

在這個階段,商品團隊就線上與線下通路,設計了具吸引力的商品組合;而行銷團隊也拋棄一體適用的行銷方案,開啟因時因地的客製化溝通。到了2014年,Best Buy環繞著顧客,已經

打造出更便利的線上搜尋與結帳機制，1,400 個店點已成為可接受線上訂單的出貨點，讓在店庫存可以快速支應線上訂單的出貨需求，並且重新推出顧客忠誠計畫。經營團隊非常清晰地設定經營目標，是讓顧客橫跨線下與線上，在他們最合適的時間，以他們最方便的方式與 Best Buy 交易。

第4招 內部顧客體驗的修練

　　除了外部顧客服務，員工端的改變也非常被看重。Best Buy 數位轉型計畫之所以名為 Renew Blue，是因為門店店員穿的是藍襯衫制服；轉型計畫希望讓這些身著藍襯衫、幾年來面對各種挫折的基層員工，能因轉型而重拾光榮感。

　　光榮感來自顧客的肯定，與隨之的業績創造。Hubert Joly 認為，只要門店第一線銷售人員回答顧客問題時，能讓顧客覺得比打開 Google 找資訊更管用，再配合前述「買貴退差價」的保證，就沒有抓不住顧客的道理。因此，他開啟了吃重的員工訓練，讓門店人員適應虛實整合的新型態服務場景。

　　就這樣，幾年的時間中，Best Buy 藉由不斷強化商品組合吸引力、在新會員機制上推出新型客製服務（如線上搬家與結婚禮物平台）、藉由擔當客服大使的 Geek Squad 團隊與 BestBuy.

com 的密切連結，整合虛實端的服務，並且繼續優化供應鏈與成本結構。

時至 2017 年，Hubert Joly 宣告 Renew Blue 已完成階段性任務，同時揭示名為 Best Buy 2020：Building the New Blue 的持續轉型計畫；希望能透過轉型的深化，讓顧客與員工更喜歡、股東更賺錢。這個計畫仍將顧客擺在中心，企圖協助顧客更輕鬆地運用各種科技產品。因此，目標設定在成為顧客信任的科技顧問與解決方案提供者，不再只是賣產品，轉而以 Best Buy 的商品、價格與客服強項，去滿足顧客在娛樂、通訊、安全、能源、管理與健康等方面的需求。

在這樣的訴求下，開發出 Total Tech Support 定額完整諮詢服務方案。顧客繳交 199.99 美元的年費，便可以得到包括防毒、資料復原、病毒解除、資料備份、密碼重設、家庭網路建置、店內服務、車用電子安裝、到家智慧家庭服務、購買家具組裝等等項目的到位技術諮詢與服務。

圍繞著顧客的新商機開發之外，Best Buy 持續轉型的重點，這個階段在於提升執行力、持續降低成本，並且透過人才培育，厚植轉型所需的能耐。

好市多（Costco）在台灣可以吸引許多人願意繳千把元年費去消費、Amazon 在美國市場吸引了逾千萬每年願意花美金百餘元的 Prime 會員，都因為它們能提供對顧客來說「攸關的」需求滿足。支付寶、微信支付在中國之所以能無遠弗屆地穿透市場交易各環節，也是因為在它們原生的市場裡，大眾找不到比它們更攸關的消費金融服務。Uber、滴滴打車在所經營的市場中，就算有再多爭議，卻很難消失；因為對於它們各自所服務的廣大客群而言，出門叫車使用它們，是最合理的──因此也就是最攸關的。

顧客經營的不斷再合理化

顧客經營上所強調的保有攸關性，沒有公式可以套，沒有典範可以直接複製，而是企業面對客群，一時一地不斷再合理化的結果。一旦能創造與提供攸關的價值給顧客，由於經營數位環境的邊際成本比以往低，因此**來自龐大客群的規模經濟效果，便能成為企業的新型「護城河」**。企業數位轉型的「不斷再合理化」，多數時候便是「顧客經營的不斷再合理化」。

至於不直接經營消費者的 B2B（企業對企業）場域，傳統意義的「產業供應鏈」概念，則仍保持著相對明確的意義。即便

Cemex Go 以顧客為核心的數位轉型

在全球建築材料市場中市占率第二的墨西哥 Cemex 集團，幾年前啟動數位轉型。對這個以水泥為主的原物料供應商而言，數位轉型的目標在於成為行業中最佳顧客體驗的提供者，並透過數位化，落實將顧客置於各種商業考量的核心。因此，轉型的重點有二：

（1）透過數位科技，提供優質顧客體驗；

（2）藉由數位科技，發展新商業模式。

根據這樣的數位轉型方向，Cemex 這兩年主要的動作包括以下三點：

- 2017 年打造供顧客於各種數位載具上與 Cemex 接觸的 Cemex Go 數位服務。這項服務涵蓋顧客從下單前的資訊蒐集、下單交易與訂單處理、物流資訊揭露與帳務處理等顧客旅程階段。顧客透過該平台即時下單、追蹤貨運狀況、進行帳務處理、支付款項。使用過程中並且可以隨時獲得線下的支援。至 2018 年年底已經在 21 個國

家，占既有客群數約 85% 的 3 萬名顧客使用。目前已約有 45% 的訂單透過 Cemex Go 下單。Cemex 藉由該平台的顧客使用行為數據，掌握乃至預測個別顧客的購買行為，並試圖從中發現新的商機。

- 透過培訓高階主管的 Ignite 計畫，深化顧客轉型所需的顧客導向思考與領導力。並且透過 Cemex University 貫串虛實的員工在職訓練，落實轉型策略的實踐。
- 設立 Cemex Ventures，與西班牙大型地產開發商 Neinor Homes 合作，探索地產開發生態圈中新模式的開發與新關係的建立。

如此，對 B2B 經營者而言，數位轉型的核心脈絡，一樣是「顧客經營的不斷再合理化」。

譬如製造業近年關注的「工業 4.0」圖像，在「工業 3.0」的自動化基礎上，強調的便是透過數據，一方面打穿工廠的四面牆，藉由資訊透明化來優化整條供應鏈的運作，另一方面則可望驅動及提供小量多樣的價值。究其實，這就會開啟 B2B 企業在價值的創造與遞送上，讓消費端拉動新生產的可能。

此外，在價值的溝通上，B2B 的經營者也有了從 Linked-in、關鍵字到 VR、AR 運用等大異於以往的各種新溝通模式之可能。

因此，雖然 B2B 與 B2C（企業對消費者）企業在價值創造、遞送乃至溝通等方面有所差異，但是以顧客經營的不斷再合理化作為數位轉型的宗旨，則 B2B 與 B2C 兩者殊途而同歸。

1.5

先思考變局中什麼是「對的事」

學過管理的讀者，都知道「效能」（effectiveness）和「效率」（efficiency）的分別。根據一般的理解，「效能」主要涉及是不是做了對的事（do the right thing）；而「效率」則在要做什麼事已大致確定的前提下，關注是不是能把那件事用對的方式完成（do the thing right）。

不少經營者看數位轉型，常根據過往的行事慣性，從「效率」的角度鑽研，企圖透過數位化的布局來提升經營效率。但是

以「效率」為出發點的數位轉型，可說大大地「畫錯了重點」。

如前所述，數位轉型的核心議題，是顧客的經營。更明確地說，數位轉型的重點，在於怎樣在數位化的環境中，透過對於價值傳遞與溝通過程的重新檢視、安排，確保企業提供給顧客價值的攸關性，從而能夠虛實整合地經營顧客。從這個角度來說，「導入 XXX」、「跨足 YYY」、「以 AI 優化 ZZZ」這類從技術導向出發、強調因此可「預期大幅提升 OOO」的數位轉型，相對而言較屬於枝節，而且若沒有顧客經營相關修練的基礎，便宛如無根之樹，難以長久存活。

談數位轉型「再合理化」的實現，對於所處領域的遊戲規則已經受到一定程度改寫、顛覆的企業而言，第一要務其實不在「怎樣透過轉型賺取更多利潤」，更不在「如何不落伍」這樣的面子考量。很關鍵，但不一定被意識到的轉型思考，是「怎樣才能在變局中持續存活下去」。做對的事、對的選擇而確保企業活得下去，應該是轉型的「中心思想」，也是所有「再合理化」企圖的重點。換句話說，當代企業謀求**有意義的轉型，基本上應該以效能為主，效率為次** [2]。

---

[2] 當然，仍舊有若干疆域定義相對清晰、價值創造與遞送的遊戲規則較少被改寫的產業，在可預見的未來談數位轉型，主要仍著眼在效率的提升。這類產業，以稍早提及過的水泥、營造等業為代表。

Volvo On Call 的遠端服務系統

Volvo On Call 是富豪（Volvo）汽車著眼於數位環境，在歐洲推出的一項服務。這項服務結合了行動應用 App、車載 Wi-fi 熱點（最多可同時連結車上人員的 8 個行動裝置）與一系列環繞著汽車的即時互動服務，提供遠距解鎖與安全監控等功能。

透過這項服務，車主可將行程目的地在上車前便傳輸到車載導航系統，不必上車後才手忙腳亂地設定導航。也可以在上車前便設定好車內溫度，車廂空調預先加熱或送冷，讓車主在上車時已達到預設的舒適溫度。

透過行動 App，車主還可以在任何地方掌握到汽車門鎖、油量、溫度現況，並直接閱讀數位化的車主手冊。同時，車內後照鏡的上方，也有一個 SOS 鈕；遇到緊急狀況時，只要按鈕，便能取得遠端客服中心的協助。

在 Volvo On Call 的系統建置與雲端後台基礎之上，Volvo 隨後啟動了 In-car Delivery 送貨服務。無論車主在什麼地方，只要取得車主同意，送貨者可取得單次性的後廂開啟權限，讓 Volvo 汽車的後箱成為快遞外送的收受點。車主在訂貨時指定 "Volvo In-car Delivery" 作為收貨選項，並且在收貨前設定收貨

時間與地點。合作的送貨端，便藉由所收到的單次使用數位鑰匙，在車主指定的時間地點，以行動裝置打開後車廂，將貨品置放其中。配送完成，車主便會即時收到通知。

而究竟什麼是效能所強調的「做對的事」？不同的企業，即便是同行，也因為資源、能耐、文化與經營目標的不同而不同。同業的作法誠然可以參考，但是整個數位轉型過程中有三個「對的事」的重要判準：

其一，是這件事是不是能提高企業在變局中「活下去」的可能性。所謂「活下去」，是因為商業發展史上只要出現「更合理」的新模式，滿足同一顧客需求的傳統作法便很容易被取代。不明大局的企業，常常跟著熟悉的模式興起而壯大，但也隨著熟悉模式的沒落而衰亡。因此，轉型中所謂「做對的事」，第一要義便是做能讓企業活下來的事。

其二，是這件事有沒有任何顧客端或企業能耐端的累積意義。無論資源多寡，企業如果做的是放煙火一般，沒有前後脈

絡，也沒有能耐累積意義的事，就算當下炒作得沸沸揚揚，到頭來還是沒法帶來什麼有意義的改變。這樣的事，當然便不是「對的事」。數位的發展，如未來我們會討論到的各種例子，常是層層累積的結果。有了前一層發展，才有下一層發展的可能。

其三，則是這件事符不符合企業的價值觀。價值觀是企業文化的重要構成元素，由創始者奠基，隨著企業長時間的存在而沉澱累積。在數位轉型的過程中，企業隱含的價值觀常會決定企業是「看短」還是「看長」。而因為轉型的落實，需要企業經營上各面向經驗與能耐的累積，而相關的累積則需要耐心、費時地鍛鍊，所以只看重短線的企業，在變局中就較難企求能轉型成功，長期存活而不被淘汰的機率也因此較低。

1.6
各行業的轉型重點

數位轉型在不同市場領域有其共通的主軸，同時也有從這共

通主軸上衍生出的不同發展樣態。共通的主軸,在於需要有連結數據能耐與創意的修練。

如本書第 3 部分所將討論的,對於許多企業而言,數位轉型的重中之重,便是針對這些該有但缺乏的修練,急起「補課」。

至於「補課」之後,圍繞著顧客經營主旨所進行的數位轉型,則如**表 1-2** 所示。**零售**領域中的轉型重點,在於「整個顧客」、「全顧客」的虛實整合服務。**金融**領域,無論談普惠金融、場景金融或是智能金融,轉型的重點都在降低各類相關交易的摩擦力(即經濟學上的「交易成本」)。而在**製造**領域,數位轉型則以市場需求的無縫滿足為重點。至於**媒體**端的數位轉型,則著重以多元溝通型態有效地經營分眾。

表 1-2　不同領域企業的數位轉型重點

範疇	重點	可能性	舉例
新零售	虛實整合，經營「整個顧客」	透過數位與實體布建，串連經營店內店外、線上線下的消費體驗	美國星巴克環繞著在店咖啡販售，就顧客旅程各個階段，打造虛實融合的良好顧客體驗
		依循實體與數位兩端的顧客期待，提供相關消費項目的完整解決方案	Best Buy 透過 Geek Squad 服務成為顧客線上線下的諮詢、安裝、維修服務完整解決方案提供者 中國盒馬鮮生提供生鮮產品的線上與線下交易可能
		透過數據，經營若干場景中過往被忽視的零售需求	中國瑞幸咖啡，透過數據經營星巴克傳統上較忽略的家中、辦公室咖啡外送需求
新金融	交易摩擦力的降低	減少交易雙方的成本	台新銀行的 Richart 數位帳戶，以不動用實體分行資源的方式，提供方便簡易的數位化銀行服務
		透過降低資訊不對稱，進行合理化的差別訂價	State Farm 保險公司透過保戶汽車聯網機制，提供 "Drive Safe & Save" 的駕駛行為連動保費差別訂價

範疇	重點	可能性	舉例
新金融	交易摩擦力的降低	透過數據的掌握理解顧客，打造客製化的金融產品	新加坡星展（DBS）銀行推出看屋行動 App，自潛在房貸客戶看屋階段開始，蒐集相關數據，理解個別顧客需求與偏好，以提供攸關的客製化房貸服務
新生產	無縫的市場需求滿足	C2B（消費者對企業）、B2C（顧客對工廠）等顧客端驅動的柔性生產、大量客製化可能	BASF 透過空瓶的 RFID 標籤連結每個空瓶所承接對應的不同訂單數據。生產線根據該等數據，依照該瓶產品訂單所需的配方調配灌製 海爾透過其 C2M 模式，直接自消費者接收客製化家電訂單
		透過數據化，達到生產作業流程的確保與生產作業品質的優化	奇異（GE）針對其售出的風機、飛機引擎等機具，透過感應器蒐集數據，以 Predix 平台分析數據，協助顧客優化機具的作業效率並進行預測性維修
		透過數據化，轉型為服務提供者	米其林輪胎透過物聯網，提供車隊顧客 Effitires、Effifuel 等數位化管理服務解決方案

範疇	重點	可能性	舉例
新傳媒	多元、零碎、去中心	透過收斂內容與訂閱機制，聚焦經營特定用戶群，讓用戶持續取得關注的內容	《紐約時報》在 Apple iTunes 與 Amazon Alexa 等平台上架每日新聞播客節目「The Daily」，讓廣大的用戶群晨起或通勤時有效地掌握重大事件與頭條新聞。而因為這廣大的用戶群，替紐時創造每年千萬美元廣告收入
		聚合高效、多樣、及時滿足的內容	Netflix 透過數據能耐的累積，提供全球串流訂閱收視戶流暢的客製化觀影體驗
		提出工商業端顧客面對新溝通場景時的技術解決方案	《華盛頓郵報》藉由 Arc Publishing 的打造，提供新聞同業更合理的內容管理機制《紐約時報》透過 T Brand Studio 團隊，為企業顧客籌畫、執行各種數位內容

《華盛頓郵報》靠新技術服務同業

2013 年 8 月，亞馬遜創辦人傑夫・貝佐斯（Jeff Bezos）收購了 136 年歷史的《華盛頓郵報》後，在一封公開信中告訴新員工：「在未知中開闢一條道路並不容易。我們因此需要新創與試驗。」從此開啟了這家傳統報社的數位轉型。

此後，新的技術團隊組成，以原來郵報網站伺服器 Arc 為名，逐步修練出一套數位時代新聞媒體後台亟需的內容管理系統，名曰 Arc Publishing。這套系統能讓編輯出來的新聞，無論在哪一種載具上，都有同樣流暢的閱讀體驗。

2014 年開始，郵報更將這套已驗證可用的系統，提供給包括《洛杉磯時報》、《環球郵報》、《紐西蘭先驅報》等媒體同業，依照流量付費使用。修練至今，這套系統讓《華盛頓郵報》除了新聞報導業務外，同時扮演媒體技術提供者的角色。

由報業乃至廣播行業的媒體，透過購買業務範疇持續擴增的 Arc Publishing 服務，一方面優化廣告的收益，另一方面同時取得系統所附帶的一套靈活而完整的付費牆機制。

在《華盛頓郵報》300 名技術員工中，有三分之一負責執行這套 Arc Publishing。

數位轉型策略的
多元視角

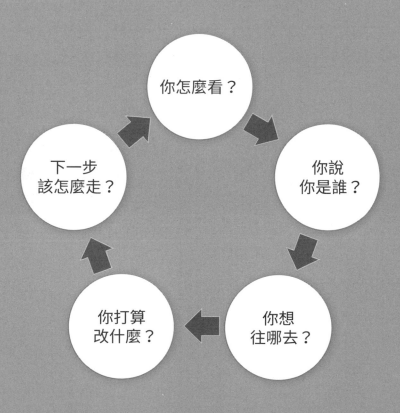

後之視今，猶今之視昔

　　還記得 15 年前大家關切些什麼嗎？如果往前回溯，**翻覽**2005 年時台灣的商業媒體報導，便會見到 2005 年時的以下這些景況：

- 台灣「產官學」各界正大力鼓吹「兩兆雙星」，同時也看好 WiMAX 的發展（譬如預測幾年後單單 WiMAX 相關設備的市場規模，就達數十億美元）。
- MSN 和 Yahoo! Messenger 在 2005 年合併，因此而有史無前例的 2 億 7,500 萬名註冊用戶。
- Thefacebook.com 同年改名為 Facebook.com，剛跨出美國大學校園，往美國各高中發展用戶群。至於一般成年人，基本上還不曾聽過這個網站的名號。
- 市場上最火紅的概念，是「Web 2.0」。至於「雲端」、「物聯網」、「人工智慧」等等現今的當紅炸子雞，2005 年時都還屬於實驗室研究項目。
- 這時候，零售金融端最先進的服務是 Web ATM。

- Apple 主要推出 iPod 相關的衍生性新產品系列，市場上還沒人把 Apple 品牌和手機聯想在一起。iPhone 此時尚未問世。倒是此時還沒什麼知名度的 HTC，這一年以 Windows Mobile 為作業系統，推出了 HTC Universal PDA 手機。
- 在全球市場上不可一世的 Nokia，其 CEO 奧利拉（Jorma Ollila）針對尚處於「嬰兒」階段的 3G 通訊，預言未來的 3G 手機可以用來看電視、收發郵件、行動辦公。
- 在日本，引領風潮、引發眾人注目的企業家是強調「金錢萬能」的活力門（Livedoor）堀江貴文。
- 中國阿里巴巴前一年底才推出支付寶。2005 年時，中英文媒體常常報導 Google、Microsoft 和 Amazon 等美國網路商都看好中國這個新興市場，並且磨刀霍霍地準備大舉進軍。

簡單地說，2005 年的商業世界和今天的現實相較，有著截然不同的面貌。當時的若干風潮，早已煙消雲散；不少當時敲鑼打鼓的決心，而今看來則如鏡花水月。後之視今，猶如今之視昔；2035 年時回望今日，同樣必然見到今天某些企業數位轉型策略的鏡花水月。

有了這樣的歷史感，經營者在思考數位轉型策略時，應較敢於忽略若干當下的流行，而回到經營的本質與企業的發展脈絡，去看、去想、去籌謀，累積面向未來的經營能耐。

2.2

「策略」的多元視角

「策略」是什麼？

加拿大管理學者明茲伯格（Henry Mintzberg），多年前便認為不可能透過單一的說法，去完整定義什麼是「策略」；他因此主張「策略」應從多元的角度去理解。明茲伯格教授曾藉由以下這 5 個以「P」開頭的名詞，去歸納「策略」一詞的多元視角[3]：

- **策略是一種看待世界的方法、一種「世界觀」（Strategy**

---

[3] 這裡排列的順序，並不是 Henry Mintzberg 於 1987 年發表於《California Management Review》原文中的順序。

as a Perspective）

抽象來說，策略是行動者對環境的理解，以及透過這樣
的理解所產生的認知。從這個層次探討策略，自然便牽
涉到行動者在各種並陳價值間的判斷與取捨。

- **策略是一種自我定位的方式（Strategy as a Position）**

  行動者認清環境的地形地貌後，界定自己要站在哪個位
  置上、以何種姿態去應變環境變化的作為，便是這裡所
  謂的定位。

- **策略是一種路徑的規畫（Strategy as a Plan）**

  從這個角度來說，策略是選定未來發展的方向與目標後，
  對如何從現狀 A 點邁向目標所在 B 點的盤算與設計。組
  織所進行的「策略規畫」，便是這方面的體現。

- **策略是一種實踐的模式（Strategy as a Pattern）**

  這裡所指的「模式」，是行動者透過長期實踐所累積成
  的思考與行為樣態。換個說法，依照明茲伯格的原意，
  當策略形成一種模式時，代表這個模式是已實現策略的
  總結。

- **策略是一種具體行動的手段（Strategy as a Ploy）**

  行動者在環境中遇到各種無法預知的變數，因此在行動的過程中，根據行動者的世界觀、定位、路徑策畫與行事模式，不時需要施展各種手段，以因應環境的變化與達成目標。棒球場上的捕手要視打擊球數、打者偏好、壘上跑者狀況等因素，向投手提出配球建議，便屬於「手段」意義的策略。

表 2-1　數位轉型策略的多元視角

5P 指涉的策略面向	白話的詮釋	對數位轉型的意義
觀點（perspective）	你怎麼看？	組織「世界觀」的更新
定位（position）	你說你是誰？	組織活動場域與位置的重新選擇
規畫（plan）	你想往哪去？	組織時間與資源配置的重新規畫
模式（pattern）	你打算改什麼？	組織行為與思考模式的再合理化
手段（ploy）	下一步該怎麼走？	透過各種手段施展，排除路徑上的障礙

這 5 個 P 所指涉的面向，正好涵蓋了企業數位轉型過程中，思考上應有的大致準備。因此，如**表 2-1** 的整理，本書借這 5 個 P 稍微轉化一下，提供經營者一個方便的數位轉型策略參考架構。

以下，就循著這 5 個 P 的脈絡，來探討所謂的「數位轉型策略」。

策略視角 1（Perspective）：你怎麼看？

首先，企業數位轉型的出發點，是企業經營者的「世界觀」。這世界觀非常重要，直接決定了轉型的「心」與「腦」，從而影響企業數位轉型的方向與深度。

其實本書從一開頭討論迄今，談的基本上就是「怎麼看」數位轉型這件事。如果歸納一下，則「怎麼看」數位轉型，重點可包括：

廣告業在數位時代的轉型

　　廣告業於 19 世紀中葉在美國出現，跟隨發行量日益擴大的報紙，為廣告主進行媒體代理服務以抽取佣金。20 世紀初，羅德湯瑪士（Lord & Thomas）廣告的肯尼迪（John Kennedy），言簡意賅地將當時的廣告定義為「印刷型態的銷售術」（salesmanship in print）。1920 年代，廣播電台如雨後春筍般出現，家戶收音機的普及率迅速上升。因為廣播以口語傳播、內容多元、即時溝通、接觸面廣大等特性，因此廣播廣告大受業主歡迎，連帶衍生出大量置入產品訊息的帶狀肥皂劇。二次大戰以後，則因為電視的普及，連帶出現及流行的電視廣告，更讓傳統廣告代理商呼風喚雨，長時間享受業績不斷擴大的榮景。

行銷科技扭轉競爭優勢

　　時至數位時代，從網路廣告、行動廣告乃至於虛實整合的各種行銷溝通可能，近年卻讓這些傳統的廣告商顯得左支右絀。譬如在品牌策略方面的業務，便受到來自如埃森哲（Accenture）、德勤（Deloitte Digital）一類企管顧問公司，由企業策略諮詢服務滲透到包括使用者介面（UI）設計、網站設

計、電子商務策略諮詢、品牌顧問等廣告代理商業務而導致的侵蝕。在創意方面的業務，則又受到由傳統廣告公司出身者所開設、俗稱「創意熱店」的獨立型態創意公司所挑戰。而在傳統上替 4A（American Association of Advertising Agencies，美國廣告代理商協會）公司帶來可觀利潤的媒體投放方面，則有越來越多的行銷業者，試圖自行投放各種類型的數位廣告。譬如 P&G，近年便大幅縮減透過廣告代理商所執行的數位廣告預算，改由自行成立的廣告公司來運作。這樣的態勢，伴隨著「行銷科技」（MarTech）的快速演變發展，更讓傳統廣告行業，因為無法掌握及串聯行銷組織的各種顧客數據、較為缺乏數據能耐，而在新時代中顯得更加捉襟見肘。

牽動市場與組織重洗牌

面對這樣的挑戰，2018 年 4 月中旬，曾引領廣告業風潮超過 40 年，一手將 WPP 集團（Wire & Plastic Products Group）從一家塑膠產品公司，發展成為世界最大廣告集團的 CEO 蘇銘天爵士（Martin Sorrell），也不得不在新型態的競爭壓力下宣告下臺。在此同時，WPP 對旗下數位、創意與媒體代理架構進行了大幅改革。例如集團中的奧美，宣布了 "BE ONE" 計畫，將旗下如奧美廣告、奧美公關、奧美互動、奧美時尚、奧美世紀等

子公司合併，重新界定以 Ogilvy Delivery（奧格威傳遞）作為創意大腦，並以顧客流程進行部門改組，企圖與前述各種新型態競爭者在顧客競爭上一搏。WPP 旗下同樣知名的老牌子智威湯遜（JWT），則與集團中其他數位行銷公司合併。

又如同屬傳統所謂「4A」公司的陽獅集團，2006 年合併線上行銷公司 Digitas，2012 年併數位行銷代理商 LBi，2014 年併數位技術顧問公司 Sapient。藉由併購，習得數位時代跨功能溝通服務的方式、全通路與電商的相關知識，以及相關顧問能量。2016 年年初啟動新組織架構，針對顧客的需求，調整為廣告、科技、媒體、健康等四大區塊。

- **從歷史發展的大勢，理解數位轉型的本質**

  數位環境中的變化，是個趨勢，還是另一股終會消褪的流行風潮？轉型這件事，是必然還是選項？這些根本性的問題若沒釐清，企業透過轉型搏出一條新路的想像，便很難落實。而要釐清這些問題的關鍵，是跳脫技術風潮與流行語彙的枝節，退個幾步去端詳這整個「局」。

這個局，如本書稍早所討論的，主軸是資本推動的技術發展。被這個脈絡驅動著的技術發展，循著廣義的摩爾定律帶動，並且受金融海嘯之後寬鬆的貨幣政策推波助瀾，讓早年出現在科幻小說電影、傳統上僅限於實驗室研究的各種技術（如雲端運算、人工智慧、虛擬實境、擴增實境、區塊鏈、行動應用、物聯網等等），在過去 5～10 年間，陸續被導入市場。因此，近期在製造、零售、金融、傳媒等各個領域裡，新技術的應用乃至新入局者的顛覆，程度不一地改寫了各個市場的遊戲規則。

秉持這樣的歷史觀去看數位大局，大概就比較不致因見樹不見林而有所糾結。而從這個角度看，也就更容易理解數位新局中「不斷再合理化」的必然。

- **探索數位環境對企業可能造成的不同影響**

不同的企業，在數位環境中會遇到不同的挑戰與機會。認清企業實際面臨到的衝擊作用力，是界定該企業數位轉型策略的必要條件。數位環境對企業可能造成的影響，主要有以下幾種樣態：

❖ **數位科技優化傳統作業模式**

例如貨運車隊、航空公司機隊的經營，都可能因為雲端運算配合物聯網技術的應用，而在路線規畫、班次排程、能源節省、安全監控、顧客服務等方面更加優化。

❖ **數據驅動傳統意義的上下游整合**

以「工業 4.0」概念來說，因為可以透過數據的連結與流通，去貫串整個供應鏈，因此提高了供應鏈上下游各種整合的可能性。

❖ **產業疆域界線變模糊**

數位科技讓傳統上的局外人，也可以用異於傳統的新模式滿足原來產業所服務的需求，因此讓傳統的產業疆界變得模糊。譬如傳統上所謂的「媒體」產業，在直播、網紅等潮流興起之後，邊界已日漸模糊。

❖ **不同模式彼此競爭，新模式分食既有市場**

某些需求的滿足，在當今的市場上正出現新舊模式的經營者競爭，分食著市場。在 B2B 領域裡，如廣告領域（傳統廣告代理商 vs. 非傳統代理商）的競爭。在 B2C

的領域裡，如旅行服務（傳統旅行社 vs. 各種數位端旅遊服務）、城市出行服務（計程車 vs. Uber）。此外，如**圖 2-1** 所示的銀行業新舊模式並存的狀況，一方面意味著即便高度管制如金融業，產業疆域界線在數位創新的環境中仍不免消褪，各種數位原生的新金融模式也正一塊一塊地與傳統銀行的各項業務相競爭。

圖 2-1　銀行各項業務的新模式

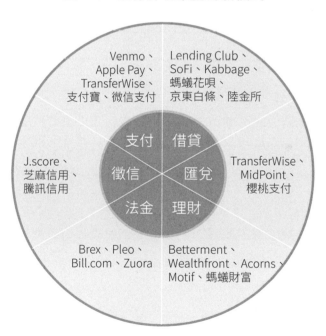

✧ **不同模式互相競爭，而新模式已大致取代舊模式**

在若干需求的滿足上，新模式已絕對性地將傳統模式邊緣化。例如音樂消費，數位串流型態的通路模式，已大範圍取代傳統的唱片商品與通路。

✧ **新模式＋舊模式做大了市場的餅**

因為數位環境開啟了更多可能性、需求的滿足更加多元化，因此甚至有可能讓需求的餅變得更大。譬如影音娛樂消費的需求，現代消費者每天透過手機、電腦與電視，花費在影音娛樂上的總時間，遠較以電視機作為唯一家居影音娛樂管道的傳統年代，多了非常多。

✧ **與新模式互補，讓相異領域內的若干既有模式受惠**

在某些情境中，傳統上行業距離很遠、看似不相關的需求滿足模式，因為數位經營的活絡，而跟著受惠。譬如 B2C 電子商務越發興旺，實體配送的需求跟著提高，直接受惠的便有如宅配、工業用紙製造等傳統上與零售沒有直接關連的產業。

• 掌握新遊戲規則，修正經營的基本假設

在這樣的新局中，大家所熟悉的傳統遊戲規則，因此受到程度不一的改寫。這其中，因為我們稍早所討論的顧客變貌，越接近終端消費市場，傳統遊戲規則就受到越大的衝擊乃至改寫。舉例而言，一個成功經營了數十年、上百年的零售業者，積累多年的行業智慧、競爭能耐，基本上無法複製移植到數位端的經營，更難以實現虛實整合的想像。

影響所及，一個多世紀以來，替企業提煉遊戲規則、提供遊戲框架指南的商管學界，多年來所產出的「傳統智慧」，在越靠近消費端的新局裡，便越因「不合身」而顯得左支右絀。眾人所熟悉的策略相關概念架構，在過往幾十年間於學界發展、於業界應用；它們的基本假設，主要包括產業有相對穩固的疆域、市場所需價值有相對固定的被滿足方式、同行企業對資源的需求與使用有相對一致的作法、企業內部有相對線性的價值創造過程等等。建立在這些基本假設之上的概念與架構，近年在接近消費端的市場中，越顯窘迫而未必能再攸關如昔。

譬如說大家所熟悉的「產業」定義與「五力分析」方法，套在水泥、營建等短期內仍依循線性價值創造、

迪士尼打造
虛實融合的遊園體驗

　　迪士尼近年透過各種數位技術的整合，打造虛實融合的遊園體驗。它針對打算進到遊樂園玩的遊客，提供了跨裝置的 Experience Tool，方便遊客安排整趟旅程、進行各項訂購與預約，並進行定位與導航。此外，透過 Magic Band Program，讓提供給遊園客的穿戴裝置可以執行飯店鑰匙、照片儲存裝置、餐點預定等功能。

　　此外，來自 ESPN 等有線電視頻道的收入，一直都占迪士尼集團收入頗大的比例。但隨著有線電視市場的萎縮、隨選影音平台的興起，迪士尼意識到自我改革之道，在於犧牲傳統的授權收入，因而耗費巨資建置數位串流平台，開啟 Disney+ 與 ESPN+ 等串流服務，經營付費會員。

生產方式改變有限的行業，大抵依然適用。但是，要用它們來詮釋乃至指引消費端的經營（試定義 Google 的產業與競爭、試對 Airbnb 所處產業做五力分析），便因攸關性越來越見消褪，而顯得緣木求魚。硬要套用這些傳統框架，反而掌握不住變局的全貌。

策略視角 2（Position）：你說你是誰？

有了清楚的「世界觀」之後，企業轉型的策略思考，接下來便進入「我是誰」這個大哉問的定位問題。企業能不能生存下去、會不會有持續利潤，都取決於競爭環境中是否能有合理的定位，從而攸關地經營顧客。

先前我們曾討論過，「顧客導向」在數位環境中的競爭，有著絕對的重要性。因此，這裡探討「我是誰」的定位思考，一方面需要有長期間的合理性，同時也必須能獲得顧客的認同。理想

上，要顧客不只認了「你是誰」，而且還能對「你」有正面的、深刻的、持續的認識。能達到這樣的理想，其關鍵便在本書不斷強調的「攸關性」。

據此，從定位的角度看數位轉型策略，有以下幾個重點：

- **在「產業價值鏈」的線性框架外，同時思考「滿足需求的價值網絡」**

  傳統上，要理解一個產業裡，價值如何創造與遞送，通常就要去分析從上游到下游的各層級狀況（如**圖 2-2 中的情境 I**）。數位轉型的過程中，這種思考與分析模式有多少意義，很大程度還是取決於顧客的需求是如何被滿足的。

  在以實體產品為交易主體的產業中，因為畢竟需要一個運行順暢的產銷體系，所以從上游到下游的層層關係依舊存在。只是無論在上下游的哪一個階段，都因為數位情境中訊息流通的容易，而可能有新的、交易成本更低、因此也相對合理的模式出現。

  這些傳統價值鏈中若干環節上出現的新模式，常常鑲嵌在一個價值網絡中。如幾年前 P&G 開始訴求以 C&D（connect & development）方式藉由組織外知識網絡開

圖 2-2　由價值鏈而價值網絡

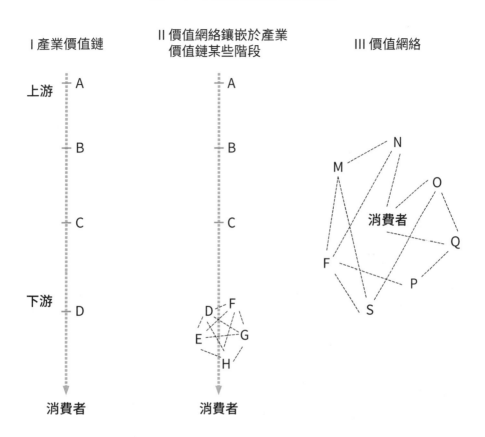

I 產業價值鏈

II 價值網絡鑲嵌於產業
價值鏈某些階段

III 價值網絡

CHAPTER 2 ｜ 數位轉型策略的多元視角

發新產品、數位廣告透過各種廣告網絡（ad network）與廣告交易平台（ad exchange）而分發露出、餐廳透過各種數位接單外送平台（如 foodpanda、Uber Eats）而經營外賣等，都如**圖 2-2 中的情境 II** 所示，見到價值網絡鑲嵌於價值鏈的某些階段。

至於原就靠著無形的、乃至數位化服務以滿足需求的情境，則數位應用就容易讓原有產業價值鏈中的價值創造、遞送與溝通等機制鬆動、改變、重寫。整個需求滿足所需的各環節，往往就不再是個線性的上下游關係，而成為一整個由多元角色串織形成的價值網絡。如**圖 2-2 中的情境 III** 所示，例如數位新聞的創作與流通、商業化情境中網紅的經營生態、Coursera 一類的數位學習市場等等，都是這方面的例子。

也就是說，在數位時代裡，滿足市場需求這件事，可能**以產業價值鏈為主幹，生出若干價值網絡的分枝；也可能直接脫離產業價值鏈，而以價值網絡取而代之。**

有了這樣的理解，企業從定位的角度思考數位轉型時，除了垂直的產業價值鏈（如前所述，有些情況仍有意義，有些情況則已不攸關）與水平的同業競爭思考外，還必須考量在以滿足市場需求為前提而存在的價值網絡

中，企業可能的位置，以及可能新增的連結。

• 在價值網絡裡重新自我定位

在這樣的意義下，重新從價值網絡的角度看企業的數位轉型，則自然會指向在新的、不熟悉甚至尚未成熟的座標系統中，重新自我定位。這樣的企圖，需要有針對價值網絡演化的想像力，也需要選擇的勇氣。這麼說的話，「重新自我定位」其實無異於企業革自己命的「**再創業**」。

譬如其品牌在英語世界已成為「複印」口語說法的全錄（Xerox），認清了數位時代中雲端、協作、行動的工作環境變動趨勢，理解少紙化、少複印的狀況勢不可逆，遂決定與其被別人革命，不如自己革自己的命。全錄的數位轉型策略核心，因此便是將多年的「複印專家」定位，重新定位為「商業文件與流程專家」；由數據、流程與使用者行為的角度，輔助顧客進行少紙化的變革。

根據這樣的重新自我定位，全錄協助顧客透過 MPS（managed print services）契約，進行機具分析、用戶分析、流程分析、服務分析，鋪陳出由紙本文件到數位

樂高玩具重新找回顧客的攸關性

樂高（LEGO）玩具在世紀交替之際，透過大規模量化研究，自信掌握到千禧世代消費的變貌，轉向經營較能提供即時滿足、不必太費時費力完成的較大尺寸積木、主題遊樂園與電動玩具。但這樣的轉型，事實上並不受市場歡迎，導致業績萎縮；而樂高的核心價值，也同時隨之消褪。

隔了幾年，透過人類學的質性觀察與互動，樂高首次意識到，讓顧客能沉浸其中、費時費力的休閒活動，才是樂高所能提供、顧客所最珍視的攸關價值所在。

於是，樂高回歸到以幾個世代都熟悉的小型積木作為產品核心元素，重新打造品牌與顧客間的攸關性。運用數位時代方便經營的線上社群與眾籌概念，樂高從 2008 年起，推出目前改稱為 Lego Ideas 的 Cuusoo 線上平台。樂高的玩家可以將自己創意組裝出的積木造型上傳到該平台；每項積木造型設計，只要能在該平台上超過一定的支持門檻，並獲得樂高審核通過，樂高便將這款作品設計為正式商品上市。

此外，針對新一代的兒童客群，樂高打造了以孩童為目標族群的社群平台 Lego Life；透過如同 Instagram 的 App 介面設

計，鼓勵孩童上傳與分享他們堆砌樂高積木的創作成果。同時，推出 Lego Boost 創意工具套裝，讓孩童自己寫程式控制自己拼出的玩具。

而針對各種客群的使用習慣與需求，樂高也開始將傳統的紙本說明書，以數位方式於線上呈現。透過這個方式，提供了可從不同角度互動檢視積木的 Digital BI（Building Instructions）數位說明書體驗。

文件的合理轉型軌道。過程中，也協助顧客在明確界定所謂 good paper（如客戶原始紙本文件、法律規定紙本文件、流程中必須存在的關鍵紙本文件等）和 bad paper（即沒有明確列印需要的紙本文件），藉以進行用紙情境與流程的合理化。

- **在新的定位上，多方連結、深耕客群**
  如前所述，定位是企業對「我是誰」這個問題的回答。數位轉型過程中企業重新自我定位，代表著對內變革的

開啟，同時也有向顧客溝通的必要。而就著前述價值網絡的理解，在競爭更趨激烈的環境中站穩所擇的節點，企業一方面需要連結網絡中其他成員，持續創造新的可能性；另一方面，則必然需要就著「聚焦顧客，不斷再合理化」的轉型精義，持續修練數據與創意，以維繫為顧客提供價值的攸關性。

2.5

策略視角3（Plan）：你想往哪去？

　　透過前述價值網絡中的定位思考，界定在新局中企業想在市場上扮演的角色之後，接下來便是相關的規畫布局工作。

　　19 世紀末，帶領普魯士打贏普法戰爭，而後促成德國統一的陸軍元帥毛奇（Helmuth Karl Bernhard von Moltke）是個戰略家。在這位重視歷史也關切技術未來發展[4]的元帥眼裡，戰略

4　毛奇在普魯士還沒有任何鐵路的年代，意識到鐵路即將在運輸上扮演的角色，便開始前瞻研究鐵路對於未來戰場的影響。

必然是個隨機應變、隨著環境演變而發展的過程。在他的經驗裡，上戰場開出第一槍以前的調兵遣將，如果規畫不當，便會讓戰事從一開始就進行得不順利而居下風。而一旦開了第一槍、有了第一回合的正面交鋒，所有對於戰事的事先規畫，便都因戰局的瞬息萬變而不再可靠。

毛奇將軍認知到，戰局一開打就無法精確預測，因此主張死守靜態作戰計畫是沒有意義的事。相對的，他強調戰略是個在變局中認清環境、界定選項、隨機策畫以應變的過程。

類似的理解，讓同樣身經百戰的邱吉爾與艾森豪，都以各自的方式，闡述「**計畫是沒用的，但是策畫的過程卻非常重要**」[5]。拳王泰森也殊途同歸地總結他拳擊場上累積的江湖經驗道：「當場吃到第一記重拳之前，繩圈內的拳擊手都有個作戰計畫。」（Everyone has a plan until they get punched in the face.）

企業的經營，尤其在多變的數位新局中圖謀轉型，當然更見「計畫趕不上變化」。那麼，數位轉型策略中的策畫面向，意義到底是什麼？

5　邱吉爾的說法是："Plans are of little importance, but planning is essential."
　　艾森豪則說："Plans are worthless, but planning is everything."

- **策畫轉型的前提是「不斷再合理化」，關鍵詞是「累積」**

  一如軍武戰事與拳擊格鬥，競局中的企業想透過縝密完備的企畫書或顧問報告，以指導實現數位轉型，都無異緣木求魚。相對的，如果掌舵者清晰掌握到數位轉型「不斷再合理化」的本質，也認知到機會的不可預測，那麼就比較容易同意對於轉型而言，plan 這字的意義，**在於其作為動詞的「策畫」，而不是它作為名詞的靜態「計畫」**。

  進一步說，策畫數位轉型，因為機會與挑戰不斷出現，所以是個連續的、不間斷的、「摸著石頭過河」的過程。更重要的是，既然數位變局中「合理化」這件事，是就著技術發展與組織適應的層層堆疊、累積過程，那麼**策畫轉型的重點，便在於一步步發展、配置資源，以漸漸逼近企業所選擇的定位**。

- **爭一時也爭千秋的雙軌布局**

  對企業而言，轉型過程中必然面對的是短期業績與長期再合理化的雙重壓力。這類雙重壓力，必然或多或少導致短期需求與長期需求互相競爭組織資源。直觀的看這長短期的雙重壓力，多數人應該都不會反對「要短期業

阿里巴巴開旅館賺大數據

　　阿里巴巴在杭州開辦了名為「菲住布渴」（FlyZoo Hotel）的「未來酒店」。這個酒店大量布建連結人工智慧的感應設施，強調與傳統飯店 check-in 不同的 App 刷臉入住過程；住客身分經過辨識之後，上下電梯「無感梯控」、入房間開門則「無觸門控」；房客在房間內，可語音操作各項房內設施、叫餐下單。

　　對於阿里而言，開設這樣的智慧化酒店，目的並不在於進軍酒店市場、擴大酒店經營的市占率。阿里開設酒店的策略意義，主要是直接累積酒店顧客的行為相關數據，培養環繞酒店服務的數據場景應用能力，從而修練未來可以拓展應用到各家酒店的「酒店智慧大腦」。

　　績，也要有長期布局的遠見與耐心」這樣的說法；然而現實上卻不容易做到。數位轉型過程中要取得一定程度的長短期平衡，現實上已知可行的做法，是思慮清楚的掌

西門子靠購併轉型軟體公司

　　西門子 2007 年以 35 億美元買下 Software Company UGS，成為西門子邁向工業 4.0 的基礎。此後，又花費上百億美金，買入 20 家軟體公司，並且在 2014 年將它們合併成為 Digital Factory 部門。西門子現在雇用約 2 萬 5 千名軟體人員，已經名列全球十大軟體企業之一。而 Digital Factory 所創造的營收，也已占西門子總營收逾 15%。

　　舵者，讓組織橫跨在「現在」與「未來」的雙軌上前行。

　　動態的轉型起始之初，屬於「未來」的這一軌，通常只透過少數任務編組啟動醞釀與嘗試；而多數的業務與人事常態，此時仍應對著「現在」的營利需求。慢慢的，「未來」這一軌由點而線，由局部而全面地深化、擴散轉型經驗，從與「現在」平行而逐漸貼近，最終雙軌合一。

- **花時間「創造」未來，勝過「預測」未來**

  在前述雙軌布局中關於「未來」的這一軌上，所謂的「策畫」，其重點不在「預測」而在「創造」。也就是說，隨著層疊累積的顧客經營能耐，數位轉型的策畫，目的是在價值網絡中「造局」——迷霧中營造對企業長期生存有利的新條件，保留對於未來各種發展可能的「選擇權」。

  數位這個局，有一個乍看弔詭的有趣現象：**技術變動得非常快、應用週期非常短，但是相對透過技術應用而成功創造價值的企業，基本上看得很長**。這所謂看得很長，並不是能比別人看到更久以後的技術發展與變化，而是就著清晰的自我定位，有更大的耐心去進行未來發展勢必需要的修練。亞馬遜創辦人貝佐斯隨著 2011 年年報公開給股東的信，對於這一點有非常清楚的闡釋。信裡頭是這麼說的：

  「如果你做的事需要投入未來 3 年，你會碰到很多競爭者；但如果你願意把時間跨度延長到 7 年，那麼現在與你同台競技的對手，便只有很少數能堅持那麼久，因為很少有企業願意這麼做。只需要延長這個時間跨度，你

就能好好投入精力。在亞馬遜，我們更喜歡去做那些著眼 5 到 7 年的工作。我們很願意去播種，等待種子發芽成長，近乎固執。」

策略視角4（Pattern）：
你打算改什麼？

數位轉型脈絡的過程，自然涵蓋大量的改變。企業數位轉型的模式觀，便對焦於這些改變。這裡所謂的模式，就既有企業而言，除了「商業模式」這類盤算外，也涵蓋企業組織在經營假設、資源應用、工作流程等層面，長期累積的風氣與習慣。

* **數位轉型是個再創業的過程**

談模式的改變，需要先具有改變既有模式的心態。這也是為什麼當新加坡星展銀行（DBS）的執行長皮亞希·古普塔（Piyush Gupta）在領導數位轉型路程起始之際，首

先思考的是，如何將有兩萬名員工的 DBS 重塑為一個新創事業。

與這樣的心態直接連結的，是創業精神。

當今談論創業精神，最常被提及的思想家，是以創業精神概念解釋長期經濟發展的經濟學家熊彼得（Joseph Alois Schumpeter）。生於歐陸、擔任過奧地利財政部長、納粹興起後轉往哈佛發展的熊彼得，不似同期聲名遠播的凱因斯般理論體系完整，也不落新古典經濟學追求工整均衡的窠臼。他定義創業者為**在「不斷變動崩解的土地上」站穩腳跟，敢於改寫遊戲規則，並且有本事重新組合產品、技術、市場、資源與組織等面向中既有元素的人**。重要的是，這樣的創業者足以打破市場中可能存在著的均衡狀況。「動態失衡」不斷發生，便是經濟發展的主要動能。無論古今，社會上都找得到創業精神的蹤影，都有著勇於走自己路的創業者。

企業數位轉型，依照先前的討論，一定程度上是個企業組織「再創業」的過程，同樣需要有創業精神的撐持。按照熊彼得的詮釋，創業者的每一項成功，都建基於其直觀的洞察（intuition）。而這直觀的洞察，是種在事象未萌之前就能辨出真偽的遠見，也是種區辨什麼是

達美樂靠數位戰 超越必勝客

達美樂位於美國密西根州 Ann Arbor 的總部，有 400 名員工負責軟體開發與數據分析。這家全球有超過一萬家據點的披薩連鎖店，從 2007 年便開始在美國母市場接受網路訂披薩。此後逐步推進，建置 Pizza Tracker 訂單追蹤系統，讓顧客隨時掌握訂單進度。它是全球連鎖速食業界，最早建妥全通路顧客接觸點的業者，不管是透過網站、行動應用 App、即時通訊、車載系統、智慧電視還是語音裝置，顧客只要想到達美樂，都可藉由身邊的數位裝置，便利的下單點餐。因此到了今天，美國市場已有 60% 的達美樂訂單來自數位端的訂購。

顧客體驗端的「不斷再合理化」，還展現在近期美國的無地址外送服務。在這個服務中，用戶透過行動應用 App 下單並付款，就可以在指定時間讓達美樂把餐點外送到所在之處附近的收貨點。譬如逛公園時臨時想在草坪上野餐，就可以透過此一機制，在公園門口收取在 App 訂好的餐點。

透過這些努力，加以披薩產品的品質提升，2017 年達美樂的營收已超越過往市場上的老大必勝客，成為披薩領域的全球最大連鎖事業。

事象本質、什麼是枝節的能力。

　　此外，按照他的說法，創業者不是個職業，也不是個階級；一個人只有致力於創新組合的過程，才擔得起創業者的名號。而不管過往如何精彩，一旦安逸地用和大家都沒兩樣的方式經營，就不再是個創業者了。

- **修練數據與創意的馬步，作為轉變既有模式的基礎**

　　根據以上的討論，企業數位轉型並不是一個技術性問題；很多時候技術甚至不是轉型過程中最關鍵的問題。**數位轉型對企業而言，是個「再合理化」的努力，也是個「再創業」的過程**；而在未來的章節中，我們還將具體從企業功能的角度，討論數位轉型中的「模式」變革，牽涉到行銷、營運、資訊、組織等環環相扣的面向。

　　無論就傳統企業功能別組織意義上的哪一個面向去談數位轉型，「再合理化」必然需要「左腦」（數據）與「右腦」（創意）的相輔相生，交互迭代。而就「再創業」而言，前述熊彼得所謂的「直觀的洞察」、「辨出真偽的遠見」、「區辨什麼是事象本質、什麼是枝節的能力」，在數位時代的價值創造與遞送情境中，同樣繫於創意與數據互為因果的修練。

因此，蹲好修練數據與創意的馬步，是數位轉型過程中要轉變既有模式的基礎。這方面，是下一章所將討論的重點，也是企業可能需要「補課」的關鍵。

• 建立適於轉型的組織文化

彼得・杜拉克（Peter Drucker）曾在他長期的顧問觀察經驗中，看到大量言之有理的企業策略，受制於企業文化而無法真正落實，因此有過「文化把策略當早餐給吃了」（Culture eats strategy for breakfast.）這樣的感慨與結論。數位轉型過程中，組織的既有文化同樣常是前述「再創業」的障礙。

組織的既有文化，是長時間累積的結果。在《紐約時報》漫長的數位轉型「再創業」過程中，所面臨的障礙之一，便是百年來環繞著紙本經營所形成的「編輯室文化」。即便期間持續發展新的數位產品，但是產品團隊與新聞室的作業邏輯多所扞格，兩者間常因缺乏相互理解，而無法有意義地融合。

在這種情況下，過去合理的編輯室文化，在新局中自然就有再合理化的必要。過去幾年間，針對這樣的認知，紐時以「訂閱服務優先，用戶成長為要」作目標，

透過視覺化、行動化、即時化、深入化的強調，逐步讓編輯室跳脫傳統紙本模式框架。

譬如，過去編輯作業基於紙本出版導向的思維，心力多用於較瑣碎的文字修飾、版面設計等細節；而現今的編輯作業，在改為以深入報導來創造與同業差異的轉型方針下，則逐漸將重心轉為議題策畫與記者報導支援等任務。

而若干可能成為轉型絆腳石的文化因素，則更為隱晦，需要企業經營者加以辨識與驅動改變。創意產品連連問世的皮克斯（Pixar）動畫工作室，其創辦人之一艾德·卡特姆（Ed Catmull）曾在一項訪問中提及一個組織的慣性：「過去的失敗嘗試，造就了企業的今日；但對於未來，我們卻都不想再經歷任何失敗。」有了這樣的認識，Pixar 因此便竭盡一切可能，讓員工感覺到失敗是安全的。

汽車業的創新模式：訂閱與共享

　　資誠聯合會計師事務所（PwC）預估，自 2017 年到 2030 年間，運輸作為一種行動服務（Mobility as a Service, or MaaS）將以約 25% 的複合成長率成長。而已超過世界人口半數的千禧世代，對於未來運輸體驗的預期，則主要是「多樣化的隨傳隨到」。對當代汽車產業來說，其中對未來展望的最大警訊，是目前圍繞著汽車生產者、零件商和售後服務業者，在汽車相關利潤的占比，將從當今的超過 7 成，預測到 2030 年時，將降到僅約 4 成。

　　此外，其他顧問公司也估計，目前全球每年的新車市場規模大約是 1 億輛；由於已開發市場的人口老化，以及共享經濟的流行，預計從 2023 年開始，全球新車市場將以每年減少 200 萬輛的速度逐漸萎縮。

訂閱制：因應數位世代及高齡化社會

　　對這些預測，各國汽車廠商無不戰戰兢兢思索，如何開發出傳統賣車以外的新商業模式。這個時候，如亞馬遜 Prime 會員機制所創造出的穩定現金流，以及數位原生世代越來越習慣透過

訂閱，來取得產品或服務使用的趨勢，便指向一個可能的嘗試方向：用車的「訂閱」制。

近年賓士在美國便因此推出最低月費 1,095 美元的 C-Class 車款定額租賃方案。該方案的月費雖比傳統長期租賃方式貴一些，但卻涵蓋了保險、道路救援、維修的完整「用車解決方案」，而且允許用戶視心情與需要換車。

而汽車市場萎縮壓力更明顯的，是老年化嚴重的日本市場。日本 2017 年國內市場的新車銷售量是 520 萬輛，這個數字大概僅是 1990 年時的七成。相反的，短期與長期租賃市場卻不斷擴大。尤其是年輕一輩的消費者，在數位時代以「使用取代擁有」的共享浪潮下，心理上與汽車的關係，漸漸由傳統的「想要擁有一部車」，轉變為「想要用車的時候就有車」。

在這種市場變遷與顧客偏好演化下，傳統汽車廠基本上倚賴新車生產銷售與售後維修的經營模式，可以創造的利潤便逐漸縮小。豐田汽車因此開始整合旗下五大經銷通路，自 2019 年開始，推出「KINTO 車輛定額制租賃」服務，區分 Toyota 車種的 KINTO ONE 以及 Lexus 車種的 KINTO SELECT 兩大類，供消費者每月支付一定金額租用（內含汽車保險、稅費、定期維護保養費用），合約為期三年。KINTO SELECT 的用戶甚且有每 6 個月換一台新車的權利。

同時，整合過後的全日本約 5,000 個銷售據點，開始扮演短租汽車取車點的角色。有短租需要的消費者，可以手機預約、付款，在綿密的新車經銷點取車使用。

共享制：路邊找車還車 手機就能搞定

除了採定額制經營用車會員外，車廠也紛紛布建如汽車版 U-Bike 的共享用車服務。譬如 BMW，先在歐洲以 DriveNow 為名，而後在美國西雅圖推出以 ReachNow 為名的進階版汽車分享計畫，而後還嘗試性地進入中國成都。用戶透過手機註冊後，透過手機尋得路邊屬於該計畫的電動 i3、3 系列或 Mini Cooper 空車，以手機解鎖後就可以發動使用。用畢，只要停在指定區域即可。整個體驗全程無鑰匙，透過手機即可完成傳統汽車短租所需的各項程序。

2018 年，BMW 的這項業務甚至與傳統勁敵戴姆勒（Daimler）提供類似業務的共享乘車子公司 Car2Go 合併，雙方分別占股 50%，並且深化在叫車 App MyTaxi 與車位尋找 App ParkNow 等方面的合作。

這些事例，都是汽車製造商面向數位時代的轉型努力。而在這些努力的背後，是傳統車廠不斷再合理化，以維繫對顧客攸關性的企圖。

策略視角5（Ploy）：
下一步該怎麼走？

　　Ploy 這個英文字，在不同的情境，有著不同的翻譯。可以指涉如下棋般經過一番算計之後的「技倆」，可以是臨場應變的「戰術」，也可以當作是具相關性、面向目標的「策略」。這裡的討論，將把 ploy 視為數位轉型過程中，企業趨近目標的執行層面方法。

- **借力使力，合縱連橫**

　　丹麥最大放款銀行丹斯克銀行（Danske Bank）自力開發推出 P2P 借貸，吸引了丹麥成人人口大約半數的用戶量，且其中多數原非 Danske 顧客。雖然有這類自力開發的例子，但對大多數實體原生企業而言，就算下定修練轉型必備功夫的決心，也常在技術快速變遷的情況下，感受到在技術追趕上「疲於奔命」、「緩不濟急」的窘迫乃至壓力。

　　要紓解變局所帶來的這種壓力，除了可能倚賴各種

顧問與技術供應商的協助外，還常見到各種合縱連橫的嘗試。

以零售金融為例，可憑藉技術整合，例如美國 TD Bank 與個人理財顧問應用新創 Moven 合作，將後者的服務整合到前者的行動應用中。也可能採取少數持股或多數持股方式合作，譬如螞蟻金服 2015 年入股國泰金旗下的大陸國泰產險，而成為持股占 51% 的股東。當然也可能透過併購的方式進行，譬如西班牙的銀行 BBVA，將行動銀行應用 Simple 買下，藉此提供到位的用戶體驗；美國金融控股公司 Capital One 則透過購買網站設計顧問商 Adaptive Path 與行動應用開發商 Monsoon，而獲得原來需要長時間養成的相關人才。此外，國內外各家金控公司近年多已成立創投，藉以投資攸關的新創事業，也是創新的另一途徑。

至於零售業的合縱連橫，則常透過數位原生企業與實體連鎖商店互補合作的方式展開。譬如中國的阿里集團，在其發展「新零售」的大旗下，入股了 3C 電器連鎖的蘇寧、本土連鎖超市三江購物與華聯超市、銀泰百貨、新加坡郵政（以及其所轄的冠庭物流）、海爾集團旗下的日日順物流、中國大潤發所屬的高鑫零售等等。對阿

里而言，這些持股比例不到 50%、不以取得經營權為目的的投資，重點在於將其觸角伸入零售的各種場景，在原有數位端練就的數據功力基礎上，持續修練虛實整合的能耐。

反過來說，讓阿里入股的這些零售相關業者，則著眼於在面對轉型的重重挑戰下，企圖藉由阿里在數位端經驗的加持，讓自家事業得以存活下來，並且較為省力地進行從實體端發力的虛實整合。

- **圍繞著「全顧客」概念，不斷檢視「還能做些什麼」**

稍早我們不斷強調，對於 B2C 為主的企業而言，數位轉型的重點在於跨足融合原先不熟悉的另外「半個」世界，從而更全面地經營顧客。這樣的企圖，從客群經營的角度來說，就是透過提供攸關的虛實整合體驗，從原先只經營客群實體或數位端的「半個顧客」，跨向經營這個客群中的「全顧客」，從而深化與客群的關係。

根據前述「合縱連橫」的相關討論，這「全顧客」的經營入手，有各種可能的方法。但是入手前，**首先必須意識到自己在「全顧客」的經營上，還缺了些什麼。**

在西方，談起廣義零售業的數位轉型時，常會提及

神腦與全家
會員資料庫砍掉重練

　　手機通路商神腦國際，在台灣布建近 300 家門市、3,000 名員工。受到電子商務等因素的衝擊，2014 年營收開始下滑，隔年衰退幅度更大。這樣的警訊，讓神腦啟動轉型。

　　首先，電商與實體通路部門的主管進行換血，分別自網路業與電信營運業，聘請外部專業經理人來領軍。而在虛實整合的過程中，為了讓 2,000 人的門店業務人員，與 80 人的電商部門團隊，在想法與目標上能趨於一致，神腦除了透過密集會議互動溝通外，所採取的關鍵手段則是調整門店業務的 KPI —— 門店業務導引顧客註冊為線上會員，這些顧客未來在神腦線上的各種消費，便都有一部分計入這名業務的業績。

　　轉型過程中，面對以數據經營顧客的必要，神腦的基本功，是重新檢視它將近 40 年歷史中累積的 200 萬名會員數據。透過這樣的檢視，發現因為各店過去建置顧客資料時，或有為了 KPI 而交差了事的心態，因此其中有大約四分之一的會員數據殘缺錯誤而無法使用。這樣的發現，讓神腦在這次再合理化的過程中，

刪減了建置新會員資料所需輸入的欄位到原來的一半，只留下最攸關的資料。

同樣「砍掉重練」的，還有全家便利商店。為了推動虛實整合，全家曾砍掉累積 10 年的 190 萬名會員，從頭重新建立新的會員機制。還將已經營十多年的點數貼紙改為 App 虛擬點數，並且讓其行動 App 能夠支援預購商品的分批、跨店取貨。顧客經營再合理化的過程中，單是積點機制的更動，據說企業內部便折衝討論了兩年才定案。

就發展的模式而言，全家的會員積點分三階段轉型。首先，以專案方式進行研發。而後，設立專責單位，推動 App 會員的成長。最後，當會員數累積到一定數量時，則讓行銷部門負責會員經營。

在這方面發力既早且深的美國星巴克。創立近半世紀的星巴克，早年便標榜提供顧客一個「家」與「辦公室」之外的「第三空間」。進入數位時代後，星巴克很早就意識到這「第三空間」，不能只靠傳統上的實體空間氛

圍來支撐，還需要經營數位時代顧客的數位空間，從而經營「全顧客」。所以幾年間提供了全美最快聯網傳輸速度的免費 Wifi、打造比 Apply Pay、Google Pay 的使用率還高的手機點餐付款應用等等，在在都圍繞著顧客，打造虛實統整的良好體驗。

在數位轉型如此「上道」的星巴克，這兩年卻在中國遇到挑戰。在行動互聯網帶起隨叫外賣生態的中國市場，以瑞幸為代表的新一代連鎖咖啡店，透過靈活運用線上社群、成熟的外賣物流體系，針對星巴克向來不在行的「第一空間」（顧客的家）以及「第二空間」（顧客的辦公場所），進行「側翼攻擊」，漸漸影響到星巴克在中國市場發展的勢頭。2018 年下半年，星巴克因此與阿里巴巴集團策略合作，透過阿里旗下的「餓了嗎」外送服務，在中國市場中回防客群的「第一空間」與「第二空間」經營。

從這個例子不難看出，在競爭的環境中經營「全顧客」，其實不是件容易的事。即便是數位轉型受人稱許、在母市場顧客經營到位的星巴克，面對中國市場的挑戰，自然必須**釐清在美國和在中國的「攸關價值」，兩者涵蓋層面的差異**。認清自己「全顧客」的經營，在中

國出現了側翼缺口，星巴克才見招拆招，與「餓了嗎」合作，把客群經營上的縫隙補起來，不斷再合理化地開展虛實整合服務。而這，在美國市場則未必需要。

- **刺激思考，引發創新的「梅迪奇效應」**

面臨模式創新的挑戰時，是否具備結合眼前事況與過去經驗的想像力，是個關鍵。這類想像力，在認清環境現實的前提下，基本上來自感知或思考事物時，隨之迸現其他事物的聯想。如果能讓「不同的場域」彼此交會、碰觸，便可能打破既有思考框架，發生激發想像力的顯著效果。

14 世紀佛羅倫斯的梅迪奇（Medici）銀行家族，資助雕刻、科學、哲學、文學、金融、建築領域的人才發展、交流，打破傳統行業範疇的界線，而被視為是西方文藝復興的基礎條件之一。因此，讓不同領域碰撞以刺激出創新，又被稱為「梅迪奇效應」（Medici effect）。

對企業而言，組織內的職位輪調、工作廣度的擴大、對員工發展「斜槓」才能的鼓勵，以及組織外各種「跨界」意義的推廣活動、結盟合作、見習切磋，都是數位發展過程中沃養組織創新土壤、創造梅迪奇效應的合理

103

表 2-2　奔馳（SCAMPER）思考法的內涵及應用

方法	說明	關鍵思考
Substitute 替換	以新元素替換模式中的若干既有元素	替換掉既有模式中的哪個元素，可以創造出新的價值給顧客？
Combine 組合	將既有元素組合為新模式	將什麼樣的不同既有元素組合在一起，可以創造出新的價值給顧客？
Adapt 調適	增加新元素以帶出新模式	在既有模式上增加什麼樣的元素，可以創造出新的價值給顧客？
Modify 修改	改善現有模式不足之處	將既有模式中的哪個元素，往什麼方向進行調整，可以創造出新的價值給顧客？
Put to other uses 移作他用	找到其他使用情境／用戶群	既有模式可以再應用到何種情境中，以創造出新的價值給顧客？
Eliminate 消除	精簡模式的訴求	將既有模式中的哪一項元素剝離刪去，可以創造出新的價值給顧客？
Rearrange 重組	重新排列既有模式中的組成元素	既有模式中各元素如何重新排列，可以創造出新的價值給顧客？

數位轉型全攻略

案例
BMW 從「汽車中心」轉而為「車主中心」的思考，從「掌握每一部車的狀況」移往「理解每位車主的用車習慣」。就車主的需求，提供車主以手機替換傳統車鑰匙開啟車門的設計
Uber 在北美市場為了增加平台上司機端的數量，和豐田汽車合作成立租賃公司，讓潛在的 Uber 駕駛以租用或分期付款方式，透過 Uber 購買豐田汽車。在如肯亞等金融信用體系不健全的市場，這樣的模式更讓買不起甚至租不起汽車的駕駛，可以成為 Uber 平台上的服務提供者
2016 年，永豐銀行將特殊設計過的 ATM 搬進松山慈祐宮。該廟信徒只要插入提款卡，在特殊介面上按個鍵，就可以線上轉帳給廟方添香油，廟方隨之替該信徒點一盞光明燈。永豐銀行還替慈祐宮設計了一款行動 App，供信徒線上點燈、安太歲
Gogoro 近年在台灣逐漸擴大市場，取得越來越多的用戶，原因便在它將電動機車使用情境中，對多數車主而言最傷腦筋的充電一事，由傳統接線充電，改為廣設電池交換站的抽插式電池模式
Facebook Messenger 與串流音樂服務 Spotify 合作，讓使用者可從 Messenger 的應用程式列表開啟 Spotify 服務，將自己在 Spotify 上聆聽的音樂，即時分享給 Facebook 上的好友
亞馬遜「一鍵下單」模式，讓用戶只要曾在亞馬遜購物，後續的線上購物就不必再輸入支付、收貨地點等資訊，而只要在商品頁面上點擊「一鍵下單」，便完成結帳。這個 1997 年問世的方便服務，不僅取得了專利，並且透過消除線上購物的繁瑣環節，協助亞馬遜創造良好的用戶體驗
91APP 針對實體零售業者的數位轉型需求，提供整合重組的新零售建置服務──從電商網站與行動 App 設計，到虛實場景中會員體系的建置與分析

作法。

　　亞馬遜以近乎全額補貼的方式，鼓勵員工在下班時間學習與工作職掌無關的課程；Nike 從十多年前 iPod 年代起，與 Apple 合作打造 Nike+ 數位應用；AirAsia 與 Uber 合作讓 AirAsia 的乘客預訂航班時，便可同時預約 Uber 服務以接送機，都是這方面的例子。

　　著眼於商業模式的變革，除了訴諸「異場域碰撞」的「梅迪奇效應」外，還可藉由新產品開發已廣為應用的奔馳法（SCAMPER），來歸納各種可能性，同時刺激對新商業模式的思考。創新乃至於創業，如熊彼得所言，本就是個資源重組的過程。而如**表 2-2** 所示，SCAMPER 中每個字母代表著一個動詞，在現有商業模式的基礎上，可能可以透過思考該動詞所指引的方向，引導出新的商業模式。

　　而除了 SCAMPER 所詮釋的 7 種思考刺激途徑，「再合理化」與「再創業」，還可能來自「反向思考」。傳統上旅客開車到機場搭機，把車停在機場停車場幾天，是個花錢的事。澳洲兩個創業者則試著把事情「反過來」，讓旅客在機場停車，非但不必花錢，而且還能賺錢。在「共享經濟」廣被接受的今日，他

們因此創立了 Carhood 平台，在一套相對完善的車輛保護機制下，讓機場停車的車主透過這個平台，將停車格中原本必然閒置幾天的車子出租，以賺取利潤。

CHAPTER 3

數位轉型的
必要修練

轉型的
「外功」

顧客關係深化
顧客關係維持
顧客獲取

轉型的
「內功」

營運	組織結構	人力資源	IT 資訊

組織文化 + 領導

轉型
的基礎

數據		創意

用數據「長眼」

　　距今 5 億 4,000 萬年前，地球經歷了所謂的「寒武紀大爆發」（Cambrian Explosion）。此時地球上第一次有若干動物生出了眼睛，並且有效率地捕食其他「不長眼」的物種。物競天擇壓力下，原先「不長眼」的若干動物，要嘛被滅種，要嘛也演化出眼睛。

　　幾年前，豐田汽車研究中心（TOYOTA Research Institute）的執行長吉拉·普瑞（Gilla Pratt），便以「寒武紀大爆發」來比擬數位時代迸現的數據對企業與社會所可能造成的衝擊。就著這個比擬，現在被稱作 FAANG （Facebook、Amazon、Apple、Netflix、Google）與 BATJ（百度、阿里、騰訊、京東）等數位原生企業，之所以在過去十年間迅速累積市值，便是因為它們就著數位原生之便，在各自經營的領域中「長出了眼睛」，一步步在數位環境中累積起他人難及的數據能耐。長了眼之後，它們遂開始合縱連橫、在各領域裡連續併購結盟，滲透到各個「價值網絡」迄今。

　　沿用這寒武紀的比喻，那麼數位轉型的重中之重，自然是積

累企業的數據能耐，讓企業順著合理化的進路，也去「長眼」，並避免被其他已經「長眼」的企業所吞噬。而所謂依著合理化的進路，是因為數位風潮中可以做的事實在太多了。到底這眼睛要怎麼「長」？先「長」哪兒後「長」哪兒？便需要企業掌舵者就企業的發展脈絡去判斷。

　　就企業靠數據「長眼」這件事，我們先從生產環節的數據談起，稍後再細談顧客經營面。

生產環節的數據

　　對於傳統的生產管理來說，包括各種未知事件（如生產機械故障、上游延遲交付）的處理、產能彈性因應需求變化的調控、生產品質的管理、各項成本的控管、停機維修時間的安排等等，都是可能導致「失之毫釐，差之千里」的關鍵環節。概念上，數位時代的生產再合理化、工廠數位轉型的關鍵，因此便直接關聯到包括供應鏈透明化、生產資訊即時掌握、機具設備運作數據掌握、以「預測性維修」取代傳統「故障後維修」或「預防性維修」概念等等，也就是當今常被冠以「工業 4.0」標籤的各種可能做法。

　　在工廠裡，製造執行系統（Manufacturing Execution System,

MES）協助管控訂單的生產與品質。但傳統情境中，MES 與工廠內的諸多設備往往欠缺足夠的整合，數據未能直接串連，而需要透過人工輸入的方式運作。現階段的生產層面再合理化，很多時候便聚焦於透過 IOT 與 IT 系統的協力，打通 MES 與生產設備間的各種數據流通障礙。藉此，加上雲端數據分析，透過數據力整合生產各環節的合理化。而透過數據實現了工廠四堵牆內的再合理化之後，接下來的方向，便是供應鏈透過數據打通而實現的再合理化。

對於中大型製造業者而言，組織內數據的修練，一步一腳印地發展到一定程度後，必然會逐漸形成自己的一套方法論，涵蓋分析方法、流程、人員、組織分工等等。但是即便有就此「長眼」的可能，透過數據一層層撐起生產環節再合理化這件事，現實上就有一連串的挑戰：

- **數據取得的挑戰：**企業可能受制於沒有標準統一的數據接口、缺乏 IT 基礎設施彙整數據、數據傳遞流程不完備等因素，而在數據取得的現實上，與理想狀況間有著較大的落差。

- **數據分析的挑戰：**傳統上除了局部作業（例如品質管制）

環節需要對生產相關數據進行分析，生產程序中的多數環節並沒有數據分析的實作需求與慣例。一旦要將整個生產流程細緻地數據化，就算硬體建構完成，也常會遇到缺乏數據分析能耐的障礙。

- **數據應用的挑戰**：如前所述，工業場景中的數據，除了在工廠內傳遞、分析以優化作業之外，更大的效益其實來自與供應鏈上下游間，乃至供應鏈與異業間的數據連結與利用。但這樣的可能性，常受到不同企業間數據無法互通的技術障礙所遮蔽。

顧客經營面的數據

作為數位轉型的核心，顧客經營靠數據「長眼」所可能造成的改變，對 B2C 企業比對 B2B 企業的影響要來得大得多。B2B 企業，因為顧客量少、一對一顧客關係深，原本就對每一個顧客有一定程度的掌握。而對 B2C 企業來說，傳統上幾十萬、幾百萬、幾千萬乃至若干億的顧客，個別的面貌是模糊的，個別經營的想像是很難落實的。但透過合理的、對顧客而言攸關的數位建置，若干 B2C 企業在數位的局裡，可以說是真正靠數據而「長

了眼」。

　　要在哪兒長眼？怎麼長？這又是頗費思量的問題了。以大家都熟悉的便利商店經營為例，以下這些可能性，都是目前絕對張羅得到相關技術的可「長眼」處：

- 打造一個商品多元的線上商城。
- 打造一個貫穿虛實服務，滿足顧客線上線下便利購物所需的行動應用。
- 打造一個簡化店員瑣碎作業流程，讓店員能夠把時間拿來做顧客服務的後台管理系統。
- 打造一個串聯顧客臉部辨識的新一代 CRM 系統。
- 打造有辦法執行前台客服、後台進補貨等功能的機器人店員。
- 打造無人服務、自動結帳的新型態便利店。
- 打造基於區塊鏈技術的全體系金流與物流系統。

　　這些選項，彼此間不一定互斥，然而有些選項若沒有其他某些選項的配合，則只會是「科技展」型態的空殼。

「長眼」的準備與認知

延續前面「寒武紀」的比喻，每家企業都像是種演化過程中的生物。為了圖存，需要理解環境的變化，需要理解顧客經營的各種新可能，同時需要進行「不斷再合理化」的演化。憑藉數據「長眼」，就是當下演化過程中關鍵的機轉。而這個機轉的發生，就現實面而言，有以下的各項必要條件：

其一，是企業經理人與決策者意識到各種「長眼」機會的存在，同時也理解各種機會的用處與限制。這其中，與數據相關的各種機會與用處，充斥在當今的市場環境中，非常容易就能碰觸到。反倒是對各種數據發展上必有其限制的理解，是目前許多企業經理人與決策者所欠缺的。

其二，是各種數據相關建置與客群經營的關聯。近年不少銀行，經過了一番嘗試，才理解到在分行裡頭放個機器人，並無法處理顧客造訪分行真正想完成的事；至於各種機器人所宣稱能提供的資訊查找服務，顧客用手機基本上也就可以自行查到。因此，機器人的設置對於上分行辦事的顧客而言，其實並不「攸關」。

其三，是一個層層堆疊累積的布局準備。數位環境中的不斷再合理化，常常是一層疊著一層的進程，但環境變化卻實在很快。就「攸關性」與「長眼睛」這兩大重點，決策者因此需要能

壽司郎的「長眼」──食材保鮮

　　日本壽司郎平價迴轉餐廳，受日本人票選為「最喜歡的迴轉壽司」，也是全日本分店數最多的連鎖迴轉壽司。為了控制食物的新鮮與品質，從 2013 年開始，壽司郎就在壽司盤的盤底裝設晶片，只要師傅製作出的壽司盤在店內迴轉軌道上運轉距離超過 350 公尺沒被取用，就會被系統自動下架、丟棄，以確保食物的新鮮度。

　　能作出並且實踐這樣的品管承諾，是因為壽司郎從 APP 訂位、候位到用餐結帳，可以全程追蹤紀錄顧客的點餐狀況。長期下來，便透過每年 15 億筆的訂單數據，在各單店針對在場客群狀況，讓系統提供給壽司師傅最適合的出菜建議。隨著越做越深入的數據分析，壽司郎嚴格品管機制下的食材廢棄率，據稱只有同業的三分之一。

夠釐清哪些是必要的發展基礎，哪些是可有可無的選項。

其四，是**組織結構與組織文化面的配合**。這一點在後面討論數位轉型的「內功」時，會有系統性分析。

其五，則是**長時間修練蹲馬步的心態**。如果意識到「長眼」這件事真的重要，大概就比較不會只是想去「租一雙眼睛」或是「把眼睛外包，讓承包商幫我們看」。這方面想清楚了，才比較可能有耐心地去「長眼」。

3.2
關於數據的事實和神話

多年來，環繞著數據發展的各種可能，常常見到「事實夾雜神話」的現象。如果沒辦法分辨清楚什麼是事實、什麼是神話，企業數位轉型的企圖便勢必事倍功半。

舉一個可能最多人知道的例子。從 1990 年代開始，有越來越多商業界人士聽過一個「尿片和啤酒」的故事。故事的版本很多，真實來源與案主不詳，而其大意通常是這樣的：有家大型賣

場，透過分析顧客的購物數據，發現顧客的購買紀錄中，嬰兒尿片與啤酒一塊兒結帳的機率，遠高於一般商品間的關聯。有了這意想不到的發現之後，研究人員再深入明查暗訪推敲，理解到原來有不少新手父母，因為家中有寶寶需要照顧，夜間沒法再去酒吧流連，只能買了啤酒和尿片待在家中，邊看電視邊喝酒解悶，等著隨時幫寶寶換尿片。賣場經理人得知這樣的洞見後，就把啤酒和尿片擺在同一區賣，業績因此顯著提升。

這個故事流傳了二、三十年。無論是早年銷售 CRM 系統時，權充說服的工具；近年談論「大數據」時，也用它來支持若干概念；甚至在數據分析相關的課堂中，為了提高學生興趣，也一再出現。這裡不厭其煩地再說一遍，不是為了證明數據分析可以有多神，而是反過來要藉以說明：環繞著大數據（與人工智慧），常常流傳著各種夾雜事實與神話的說法。**經營者若勘不破各種故事中屬於「神話」的部分，在數位轉型的修練過程中，便自然會因為對各種流傳的錯誤信仰與不當期待，而多走許多冤枉路，甚至誤了正事。**

聽來很不錯的故事，流傳既久且廣，到底哪兒是神話了？前面這故事大抵由三部分組成：

（1）數據分析發現啤酒與尿片間在銷售上有高度相關性，

（2）理解到前述發現的真正原因，

（3）運用這樣的發現而將兩類產品放在一起賣，從而提升
銷售業績。

　　這三個環環相扣的部分中，第（1）部分可能是事實 —— 賣場的數據分析，的確可能會有這樣的發現；而如果第（1）部分是事實，那麼第（2）部分看來似乎也是對這事實合理詮釋的「顧客洞見」。

　　但到這兒停下來，稍微想想，便會察覺故事第（3）部分的沒道理 —— 如果真有這樣的需求、邊喝酒邊等著換尿片的新手父母，進了賣場，即便啤酒和尿片各自放在天南與地北，也會推著車把它們揀齊了；商品擺不擺在一起，應該沒有太大的差別。而對於其他的顧客，無論是家裡沒有嬰兒因此沒有尿片需求，或者家裡有嬰兒卻不喝酒，無論如何把啤酒與尿片放在一起賣，應該也不會發生什麼刺激同時消費這兩類商品的效果。所以說，這「啤酒與尿片」的故事，很可能是個事實與神話交織在一塊兒的故事：第（1）和第（2）部分或許是事實，但第（3）部分顯然是禁不起推敲的神話。

　　數據分析替企業「長眼」，「長眼」自然是有價值的；但這價值的實現，不會像前述「啤酒與尿片」的故事中的第（3）部

分般直接了當。如果「長了眼」，得到啤酒與尿片有關連這樣的洞見，接下來的「變現」之道，應該是回到顧客經營「正規作戰」的邏輯：**藉由相關洞見，發掘出一個過往沒意識到的客群與這客群的生活型態。**賣場大可在辨識出這群顧客後，在他們同時有著尿片與啤酒需求的兩三年間，藉由對他們更深入、全面的理解，以及由之觸發的創意，透過有意義的價值創造（例如介紹對這群人而言有用但未必意識到的各種商品和服務）和溝通（例如客製的 DM 乃至「新手家長俱樂部」等經營），深耕這個客群。之後，甚至可以從數據上推斷出哪個顧客的寶寶，已經脫離使用尿片的階段了，那麼便可將顧客歸屬到下一個孩童家長階段的客群，接著就家中有兒童的家長需求，進行完全不同的價值遞送和溝通。

這些可能性，是透過數據，合理化經營客群的「正途」。這樣的經營，需要數據，但也需要持續的耐心與經營的創意。

談到這裡，數據分析到底有沒有「用」？當然有。能不能幫忙賺錢？當然能。但是數據分析的意義與用途，不可能像「把啤酒和尿片放在一起賣就能賺大錢」這類神話般那麼直接，而必須**讓數據結合經營的經驗與創意，透過不斷深耕客群而收成正果。**經營者如果迷信數據相關的各種神話，花了大資源放煙火，那麼煙硝味退散之後，仍是空無一物的暗夜。

人工智慧的能與不能

人工智慧適用的情境，簡單來說就是有一定「解法」或「練法」的情境。這包括：（1）規則明確，有標準答案的情境。例如工廠生產環節裡某個節點上「若 A 則 X，若非 A 則 Y」這類的決策。（2）規則有限且明確，雖然沒有標準答案，但是可以「越練越聰明」的情境。例如在棋盤規則固定的西洋棋領域中，Alpha Go 可以靠著大量的左右手互搏學習，到最後在下棋這件事上達到無人能比的精到。另外，像自動駕駛系統，憑藉著大量里程的道路學習，同樣可以「越練越聰明」。

找出可以「練」的封閉環節

而在商業世界，AI 最合適扮演的，也是與前述兩種情境相關環節的自動化。譬如說針對既有的大量歷史數據，AI 可以協助廣告投放的優化，可以幫忙提升顧客溝通電子郵件的回應率──這些都是**範圍有限、有明確可量化目標**、可以「練」的環節。

對這些相對封閉的系統內可練的項目，AI 可以有非常亮眼的表現。舉例而言，傳統上美國定期動用龐大的人力與物力，以訪員上門的方式，定期執行戶口普查，以更新人口數量與結

構相關的統計。一群學者近期透過深度學習算法，藉由機器辨識來自 Google 街景服務的超過 5,000 萬張相片中，屋外、街邊所停放的汽車種類、品牌、型號與數量，來推算各地的人口數目、人口結構乃至投票傾向，而精確到一定的程度。

另外在 2016 年，哈佛大學醫學院和以色列的一個醫療研究中心合作，完成了一項有趣的實驗。在一項病理學家與 AI 的「競賽中」，AI 判讀乳癌的準確率達到 92%，病理學家則有 96%。如果結合兩者，那麼判讀準確率就可提高到 99.5%。

即便有以上這些 AI 練出厲害本事的例子，但常被忽略的一個重點，是在「練」的過程中，同時需要大量、密集、持續的人力投入，一方面調校系統，一方面透過「人的智慧」從數據中提取洞見，並且控制「人工智慧」黑盒子時或會發生的嚴重錯誤。而這樣的人力，珍貴之處在於掌握了行業智慧，具備複雜的「內隱知識」（tacit knowledge）。尤其**到了怎麼「練」也難練出個頭緒的「開放系統」情境中，人類經驗累積成的、難以言說的「內隱知識」，便斷難在可預見的未來被人工智慧所取代。**

這裡所謂的「開放系統」，指的是缺乏規則性、變數複雜而且基本上無法預先掌握的特定情境。譬如金融市場，或者需要滿足形形色色需求的顧客服務。英國理財諮詢顧問 Boring Money，便曾分析 2017 年 7 月到 2018 年 6 月底這一整年間，

英國知名的 8 種理財機器人，在 AI 支援下所建議出的投資績效。結果發現針對高風險資產組合的投資，8 種理財機器人中績效最佳者的建議投資報酬率是 7.9%。雖然這結果看來還不錯，但卻低於同一時間 FTSE 100 指數的 8.4% 漲幅。

1980 年代，漢斯·莫拉維克等[6]人工智慧與機器人領域的研究者，從經驗中發現一個有趣的現象，即對人類而言相對困難的推理與演算，對機器來說所需的運算能力有限；但對人類而言可以不假思索的直觀直覺，機器人卻需要龐大的運算能力，才能略略模擬其一二。這個現象稱作 **Moravec's Paradox（莫拉維克悖論）**。冠名此一悖論的莫拉維克是這樣詮釋的：「要讓電腦如成人般下棋，是相對容易的。但要讓電腦達到一歲小孩程度的感知和行動能力，卻困難到幾乎可說是不可能的。」

6　漢斯·莫拉維克（Hans Moravec, 1948- ），卡內基美隆大學移動機器人實驗室主任，著有《Mind Children》、《Robot: Mere Machine to Transcendent Mind》。另有羅德尼·布魯克斯（Rodney Brooks, 1954- ），麻省理工學院松下機器人教授，曾任 MIT 電腦與 AI 實驗室主任。馬文·明斯基（Marvin Minsky, 1927-2016）美國認知科學家，MIT 教授，MIT AI 實驗室共同創始人。

數據發展的「手藝活」

　　當「大數據」正被炒作之際，便一窩蜂標榜自己也要經營大數據；一會兒人工智慧火了，便改說要做人工智慧。這在商界乃至在學界，都挺常見的。但是這種趕集式的跟風，麻煩在於有「形」卻無「魂」。因為無論是早幾年說大數據，這幾年炒AI，真能發揮實益的，是在顧客經營的大前提下，有耐心、長期地以練「手藝活」的態度，迭代數據與創意的修練。

　　這方面，數位原生企業多年來的經驗，便值得參考。數位原生企業在線上世界的經營競爭中，最後勝出的，必然是透過數據，將體驗做到位，以至於讓用戶很自然地「一試成主顧」的企業。而這些數位原生企業在數據能耐上的累積，往往為實體原生企業所望塵莫及。以下，我們便從一些代表性數位原生企業的例子中，來理解數據發展的多元軌跡和意義。

Amazon：自始靠數據進行經營合理化

　　亞馬遜策略規畫部門的首位分析師尤金威（Eugene Wei），

曾在一篇文章中回顧 1997 年他初進亞馬遜時的經驗[7]。在那個個人電腦作業系統主要是 Windows 95，Yahoo 還要靠人力去編輯網站目錄，而亞馬遜才剛剛開始在線上賣書的年代，亞馬遜已經透過大家都有的 Excel 試算表，將包含存貨週轉率、顧客終身價值、營運、客戶服務、客戶評價、營業收入、進貨成本等原始數據，彙總成幾十頁的試算表報告，稱作「Analytics Package」。他表示，編纂出這樣的報告，讓他「感覺亞馬遜的整個組織都呈現在面前；它的複雜性和工作間的關聯性，因此變得一目了然。」

透過這樣的日常詳細數據分析，二十多年前亞馬遜的數據分析人員便能夠跟蹤從客戶在網上打算買書，到一美元如何在企業內部流動的整個過程，也能理出商品到倉庫後，從貨架到傳送帶、打包、搬上貨車的完整動態細節。依照他的回憶，當時便已經「……能夠像職業賭徒算牌般，預測出訂單中會有多少比率的客戶向我們投訴，以及其中各種屬性問題的比率。……我算得出這個月獲得的一位新顧客，下個月他的家人朋友中有多少會通過口耳相傳，也成為我們的顧客。我算得出如果 1998 年 1 月下單的新顧客，其中有多少比率會在 2 月、3 月等等後續的月份再次下單，以及每一筆訂單的平均金額。隨著我們的發展，以及隨著

7　原文見 https://www.eugenewei.com/blog/2017/11/13/remove-the-legend.

我們市場影響力的提高，我可以看出跟出版商和經銷商談判更長的應付帳款週轉天數，對現金流會產生什麼樣的影響；也能看到每次談成更好的商品折扣之後，毛利攀升的狀況。」

Netflix：透過數據不斷提升顧客體驗

數據是企業再合理化過程中必備的修練。但是，數據能耐的施展應用，其實也是個不斷合理化的過程。以全球一億多訂戶、年續訂率約 9 成的網飛（Netflix）為例，之所以有辦法提供能吸引且留得住用戶的體驗，關鍵之一，便是它修練已久、由一個數百人團隊持續維護開發的影片推薦系統。最近，網飛在持續精進這套推薦系統的過程中，做了件違反直覺的事：將原先用戶觀影給出的一顆星到五顆星評價機制，簡化為非黑即白的「喜歡」、「不喜歡」。這麼做，是因為網飛透過內測發現，用戶的自我偏好反映，透過兩個選項其實要比透過五個選項還要精準；而且相對於五顆星機制，兩選項的機制讓用戶更願意給出評價。

數據驅動體驗的另一個例子，是新用戶的註冊程序。網飛從歷史註冊數據所連結的用戶轉化率、維持率、創造收入等關鍵顧客經營指標，持續優化註冊階段的用戶體驗。譬如，用戶在不同媒體（手機、電腦、聯網電視）上註冊時，因為介面可給出的訊

息以及可操作選項的差異，網飛便發展出比其他媒體更順暢無礙的註冊體驗。譬如透過數據發現，用戶在聯網電視上的註冊成功率較其他情境低，網飛便和有線電視或隨選電視多媒體平台（如中華電信 MOD）合作，讓有興趣加入的新用戶，透過電視遙控器，僅需填入最基本的用戶名稱與密碼，便可開戶啟動影片的觀賞。至於付費這項一般開戶時需要用戶花最多時間填寫資訊的環節，就直接簡化併到電視服務帳單；開戶時用戶便無需輸入任何相關資訊。

網飛透過數據所修練出的收關線上體驗，撐起了龐大的用戶群。對於 Netflix 一類的數位平台而言，片源取得與系統建置維護，都需要耗費龐大的成本；然而這兩方面一旦布置齊備，每服務一名新顧客所產生的邊際營運成本相對有限，但卻能創造穩定的現金流 —— 此即所謂數位平台經營的「規模經濟效益」。因此，Netflix 經營努力的焦點，自然便落在「增加全球付費顧客數目」這件事情上。

Dropbox：密切監控營運指標

老牌的雲端儲存服務 Dropbox，在市場上有 Google、Apple 等競爭者提供類似服務的競爭壓力下，生存之道是從數據中生出

創意，好不斷再合理化其體驗的提供。透過數據，Dropbox 發現用戶儲存在雲端的文件數目越高，便越有可能持續運用雲端儲存服務。但是要怎樣提高雲端儲存的文件數目呢？解讀數據之後，分析人員理解到：用戶在手機上要開啟置於 Dropbox 上的文件，還有個閱讀器方面的障礙。為了完善用戶體驗，Dropbox 便開發出嵌入到應用中的 PDF 閱讀器，降低了用戶讀 PDF 檔的各種障礙，因此顯著提升了上傳文件數量和日均活躍用戶數這兩項關鍵指標。

此外，同樣是透過數據，分析人員發現，除了上傳文件的數目之外，另一個與用戶從免費進階為付費使用有高度正相關的指標，是使用 Dropbox 文件協作功能的程度。相較於單純把 Dropbox 當作檔案儲存服務，使用協作功能的用戶，更可能付費使用 Dropbox。有了這樣的發現，與驅動用戶付費相關的行銷資源，自然便聚焦於協作用戶。

而在日常運作中，Dropbox 時時密切監控的，是與其營運有密切關聯的三大類指標：（1）新增安裝量、新增註冊數等成長類指標；（2）查看、共享、上傳文件等數據的活躍與留存指標；（3）應用時當機等品質類指標。

Facebook：藉由數據決定剝離 Messenger

Facebook 在每個用戶都有成百上千個線上朋友或關注對象之際，經營的核心是靠著不斷調整的演算法，全力將個別用戶想看到的訊息餵出、不想看的訊息屏蔽。廣大的用戶群被餵習慣了，不斷打開 Facebook 檢視新狀況，Facebook 才能夠發展出日益龐大的廣告事業。

Facebook 的用戶應該記得，手機上的 Facebook App 早年其實包含 Messenger 功能。但是自 2014 年 4 月開始，Facebook 將 Messenger 功能從其主 App 應用程式剝離。需要用 Messenger 與朋友線上聊天的用戶，因此等於被強迫下載安裝 Messenger App 使用；不下載 Messenger App，便無法使用原已習慣的線上聊天功能。Facebook 的創辦人祖克柏，一開始反對這項違反 Messenger 用戶當時的習慣、讓許多用戶不滿的改變。但經過多方測試才提出此一建議的用戶成長部門，最終仍是透過周延的測試數據，說服了老闆，採行這項「不討喜」的改變。

祖克柏後來提及此事，表示雖然明知用戶當下會抗拒，但用戶用 Facebook 與 Messenger 的目的以及需要的體驗，其實並不同。因此 Facebook 才決定在介面多所局限的行動端，讓兩者獨立開來。到了 2017 年，在行動端獨立的 Messenger 已有了 13 億活躍用戶；對祖克柏而言，幾年前相信數據、違反直覺的決

策，因此被證明是個「對」的決策，讓 Facebook 另外創造了一個非常可觀的廣告金礦。

3.4

實體企業的「長眼」之道

　　以上這些例子裡，各家數位原生企業從營運的第一天開始，就有著「數據隨著營運，源源不絕產生」的優勢。相對的，實體原生的企業，欲倚賴數據撐起數位轉型中必要的顧客體驗再合理化，通常便需要應對更複雜的問題，進行更困難的修練。

　　比較有規模的實體原生企業，近年其實都開始布建數據分析的團隊。但是這些團隊的成員，常常有「數據分析結果到不了企業決策階層」的感慨，而決策階層則時有「數據分析結果似乎沒什麼用處」的抱怨。久之，難免造成惡性循環。之所以如此，關鍵常在**決策階層對於數據的兩方面認知偏誤：**

　　其一，長久以來受前述「尿片與啤酒」一類神話的洗腦，不曾有數據分析親身經驗的經營者，常把數據分析由產生分析結

果到創造經營效果的路徑，看得過度直接簡單。多數經營者沒有意識到**數據能耐有「自動化」與「手藝活」這兩類**。如果是生產的環節，那麼在相對封閉的系統中，較可能透過數據能耐的養成，直接驅動各種著眼於效率提升的生產「自動化」。但無論 B2C 或 B2B 企業，在直接面向顧客的環節上，除了少數作業流程可能自動化外，數據分析的主軸以及數據能耐累積的脈絡，如前述對於「尿片與啤酒」分析發現如何創造實益的詮釋，其實是需要左右腦並用的「手藝活」。即便剛剛討論數位原生企業如 Netflix、Amazon、DropBox、Facebook 等例中，數據分析之後攸關的決策仍需心腦並用、倚靠迭代試誤。

所謂的「手藝活」，簡單來說，常需要「**數據分析以取得洞見 → 根據洞見形成行動假設 → 根據行動假設試作 → 根據試作結果取得數據**」這樣的不斷循環。

其二，對於實體原生的企業而言，不管是「大數據」的想像還是「人工智慧」的企圖，在以數據驅動轉型、完善體驗的實踐過程中，**最「上游」的數據統整工作**，常常是最耗費時間的，但沒實際碰過數據的企業決策者往往輕忽其關鍵環節。這方面的難處，最常見者如下：

- 企業內既有的各種歷史數據，當初蒐集的目的、年代、

玉山銀行的數據力發展

要談玉山銀行近年的數位發展與轉型，就不能不提及從數據端打穩基礎的 CRV（Customer Risk & Value，顧客風險與價值）小組。這個小組的源起，始於台灣金管會與銀行公會自 2002 年開始，配合國際清算銀行的新巴塞爾資本協定（Basel II）所規範的風險管理模型以及監理法規，並規定自 2007 年起全面實施。這促使各家銀行開始尋求外部顧問協助，希望能透過模型的建構，因應新規範下對系統性評估風險的需求。

於是，玉山銀行於 2006 年在總經理室成立了 CRV 小組。小組初期的主要任務，便是建構風險計量模型，估算顧客違約率與顧客價值。由於缺乏相關經驗，玉山銀行當時也與其他行庫一樣，在建模過程中必須倚賴外界顧問的協助。在外部顧問協助發展分析平台的過程中，CRV 小組主管帶領組內 6 名剛入行的社會新鮮人，詳細閱讀技術文件，逐項理解顧問建模背後的演算法，甚至透過 Excel 試算表進行各項試作驗證。玉山銀行的自力建模能力，就從此開始逐步累積。

在這樣的過程中，小組成員意識到分析與建模需要足夠的數據，但依照當時銀行界普遍的作業慣性，數據調取卻曠日廢時。

CRV 小組因此便提出系統化發展數據庫的想法，並從「風險計量資料超市」開始，逐步彙整清理行內紛雜的數據。

　　傳統上，銀行業務部門若有分析需求，通常仰賴部門內人員的經驗判斷，向資訊部門提出需求清單，等候資訊部門提供撈取出的數據。這樣的模式，有著分析需求較為隨意無系統、分析作業呈「一次性」，而較難累積知識、分析週期長、分析成效難以管控等缺點。隨著這次的建模，以及數據分析能量的累積，CRV 小組開始能協助業務部門，透過數據來優化業務。

　　2010 年開始，CRV 小組執行原隸屬於行銷部門的 CRM 相關分析，並從已累積最多經驗的信用貸款業務開始，花兩年時間建構「行銷計量超市」，完善行銷端數據應用的基礎，並據以漸次優化信貸業務的行銷活動。

　　此後，CRV 小組再將數據建模分析能耐，拓展到信用卡、外匯、理財等業務領域。透過漸次展開的數據累積與分析，許多連這些領域的業務人員都不一定能掌握、複製的行銷法則，也一一被發現界定出來。

　　玉山 CRV 小組從早期的個位數成員，到 2017 年底約 80 人的編制，十多年來透過組織、人力、基礎設施、科技等面向的漸進提升，讓「數據力」在組織內逐步滲透，成為玉山 DNA 的另外一環。

機制都不同。在統整上，可能一個不同點，便需要大量的人力與時間投入方能解決。譬如紙本記錄的格式化與數位化，譬如不同數據庫中同一欄位名稱可能有不同定義、或者同一定義在不同數據庫中有不同名稱等等，看來瑣碎但都需要決心去清整。

- 對實體原生的企業而言，與分析企圖相關的許多「關鍵數據」，其實根本不存在。譬如傳統的百貨經營，便無法如電商經營者般取得個別顧客什麼時候造訪過、造訪過哪些櫃位、停留多久、興趣何在等重要的數據。

- 對於 B2C 企業而言，在「大數據」想像下，雖然可以接觸到不少型態的顧客數據，但如何在各方數據來源中辨識出個別顧客，其實是個耗時費事的挑戰。譬如說會員系統裡的某個顧客，她在 Instagram 上的 ID 是什麼？PTT 上的某則發言是不是來自她？這類問題，技術上叫做「**身分解析**」（identity resolution），處理上牽連甚廣而耗時費工。

- 數據的蒐集、分析與應用，來自不斷的試作與實驗。**組織首先必須容許這些試作與實驗必然會面臨失敗，需要相當長時間才可能試出一條屬於自己的路。**在這過程中，合理的停損，是企業需要逐漸養成的習慣。優衣庫

（UNIQLO）稍早時曾企圖透過門店 Beacon 的裝設，引導顧客購物，同時蒐集實體門店的訪客行為數據。一段時間之後，理解到消費者到店時啟動藍芽、使用該應用的意願其實不高，便終止了這個計畫。

這些困難的排除，在在都需要長時間「數據手藝活」的層疊累積。沒有長期的經營視野，缺乏讓數據透過分析與實踐不斷循環以發揮作用的信心和耐心，便很難獲致所需的數據修練。

3.5
右腦思考決勝負

「不斷再合理化」這件事，通常沒辦法靠企業「長眼」後的數據功夫單獨完成。就如稍早我們對於「啤酒與尿布」故事的討論，以及數位原生企業運用數據的各個實例說明，憑藉數據「看到」若干過往沒看到的事象、型態之後，**「要怎麼做」，常還是需要靠直觀、經驗、創意、想像等受大腦右半部影響、難以量化**

的「右腦思考」去指出方向。

這麼多年來，只要是談及數位經營的商業書籍，幾乎每一本都會提及 Airbnb，這裡不老調重彈，而是試著從「不斷再合理化」的角度，來看這個數位雙邊平台近年的「右腦思考」。

問一下你身邊 20 到 40 歲喜歡四處遊歷的人：「Airbnb 怎麼樣？」你會收穫各種答案，而其中有一種，是帶著忽然發亮的熱情眼神給出的。Airbnb 這個號稱已進入全球 8 萬多個城市，每晚有 450 萬個房間等著出租的平台，一向靠著數據和創意，不斷提升它平台兩端房東與房客的體驗。從最早期的閒置房源媒合、讓房東賺點外快、房客貪些便宜的起點出發，開業超過 10 年的 Airbnb，正透過相疊的創意，面向越來越多的會員，經營「除了家以外」的「生活」。

除了房源刊登之外，透過鼓勵世界各地房東線上參與，用戶在平台上可以看到旅遊目的地的房東們，所給出的大量旅遊建議。這類「巷子內」的建議，充滿了在地的理解，與 TripAdvisor 一類由遊客評價所匯聚成的意見不大一樣。

而「巷子內」這件事，就算沒有閒置的房源，在地人閒置的時間，近期也成為 Airbnb 以 Airbnb Experiences 為名，開始經營的項目。針對越來越多旅人對於公式化套裝行程的厭膩，這項剛開始不久的目的地探索體驗，Airbnb 向世界各地有閒有興趣

的人是這麼溝通的:

「您不需要出租額外空間,就能透過這個機會分享您的嗜好、技巧或專長。向參加者介紹您最熱愛的活動與地點,我們會隨時為您提供所需的資源,協助您一步步打造體驗。與志同道合的旅客及當地人互相交流,您說不定就能因此交到幾個新朋友、認識同好、或是幫別人找到一個有趣的新嗜好。不論您想每天、每週還是每月舉辦體驗,都能設定適合您時間安排的體驗舉辦日程。您可自行決定體驗價格與參加者人數,還能透過方便的行動應用程式管理所有細節。不需先投入資金,就能開始經營您自己的事業。您在 Airbnb 上會有一個專屬頁面,供遊客預訂您的體驗。Airbnb 會負責處理付款、提供 24 小時全天候的客戶支援,並提供責任保險。」[8]

Airbnb 以創意跨出共享經濟範疇

從「不斷再合理化」的角度出發,Airbnb 發現過往媒合房源的方向,對於不介意付出高價、但在意住房品質的短租房客而

---

8 詳 https://www.airbnb.com.tw/host/experiences.

言，攸關性還是低了些。因此，近年便另外開啟 Airbnb Plus 認證服務。房東付出美金 149 元的認證申請，由 Airbnb 在地員工親自訪視屋況，對於高品質、有設計感、配備齊全的嚴選房源（一夜通常在 200 美元以上），給予優先線上露出、專業攝影等服務。這項認證的入選標準規範得非常細，譬如浴室內的備品，需要有「至少 2 捲衛生紙、4 條擦手巾、4 條浴巾、瓶裝洗手乳或全新香皂、2 瓶獨立分裝的洗髮精和潤髮乳」，而廚房則需要有「料理用的大型刀具、麵包刀和削皮刀。砧板。4 套餐具（每套備有一副刀叉和湯匙）。4 組碗盤、玻璃杯和馬克杯。2 個鍋子和 2 個平底鍋（尺寸不限）。抹刀。菜瓜布或清潔刷。洗碗精。備有垃圾袋的垃圾桶。至少 1 捲廚房紙巾。一般開瓶器和紅酒開瓶器。」此外，「每個物品或配件，像是傢俱、物品表面和固定裝置，都是精心製作、正確安裝，且沒有磨損、裂縫、生鏽或損壞。」[9]

從平台經營的術語來說，這些強調細節到近乎瑣碎的規範，屬於「平台治理」的範疇。而若從商業邏輯來檢視，很明顯的，Airbnb 正挾其過往一層層的體驗修練，切入過去基本上與

---

[9] 詳 https://www.airbnb.com.tw/b/plushomechecklist .

Airbnb 服務絕緣的高端房客市場。而既然開始經營這個市場，潛在房客在 Airbnb 上頭，除了前述的個別認證房源外，目前也已經可以預約與「共享經濟」概念完全沒有關聯的「精品旅館」房間。同時，Airbnb 正以線上眾籌概念，在 Super Guest 的名稱之下，研擬一套類似傳統服務業「顧客忠誠獎勵制度」的房客忠誠計畫。

Airbnb 如此這般的「不斷再合理化」，自然壓縮到包括旅館業（如 Marriott, Hilton）、線上訂房平台（如 Booking.com, Hotels.com）乃至目的地旅遊平台（如 Klook, KKDay）的生存空間。而從這個例子中，我們不難看到現代環境裡除了數據能耐之外，經營的直觀、創意與想像力，同樣是提供攸關的顧客體驗之關鍵所在。

遊樂園創新應用 VR 技術

此外，很多時候技術已經成熟，但缺的是應用上的「甜蜜點」。舉例而言，曾有幾年的時間，虛擬實境（VR）是媒體報導上雷聲大，但現實應用上雨點小的數位技術。將雙眼遮蔽後導入另外一個世界這件事情，到底有什麼可長可久的「用處」，是開發商尋思久久的問題。「創意」這件事，在這類已趨成熟技術

的商業應用上，便非常重要。

全球最大連鎖主題樂園六旗（Six Flags）從 2016 年起跟三星合作，透過後者的 Gear VR 系統，將虛擬實境導入美國多個遊園設施中，與雲霄飛車的實體體驗結合，並且透過不同的 VR 腳本，提供「同一搭乘，不同體驗」的多樣化體驗。在技術上克服了 VR 早年常有的眩暈嘔吐感之後，這樣具有高度創意的異類虛實整合體驗，獲得遊客的讚賞，也讓全球其他遊樂園（如迪士尼、英國 Alton Towers、香港海洋世界等等）起而仿效。數位轉型既然是個不斷再合理化的過程，六旗樂園將 VR 與雲霄飛車結合的體驗提供磨練到了一定程度之後，便進一步與三星擴大合作，嘗試提供結合 VR 與擴增實境（AR）的混合實境（MR）遊樂體驗。

3.6
顧客體驗的「導盲」與「除障」

顧客覺得有沒有價值、攸不攸關，都由顧客體驗所決定。數

位轉型談顧客經營，自然對焦在顧客體驗的再合理化。而數位時代所提供的顧客體驗，簡單來說，是以數據（左腦）加上創意（右腦），去面向顧客的「導盲」與「除障」工夫。

體驗，是與事象實際接觸一段時間之後，所累積的印象、感受與認知。數位時代的顧客經營，針對顧客的需求，在實體端與數位端進行重新合理化的安排，提供涵蓋生命週期各階段顧客的「360 度」印象、感受與認知，以長期經營顧客群。簡單說，就是提供攸關的體驗。

在這樣的意義下看待顧客體驗，必須認知到**顧客體驗是顧客與體驗提供者間互動的結果**，內容上涵蓋流程體驗、互動體驗、產品體驗、知覺風險、交易總成本等；階段上，則涵蓋交易前、交易中與交易後。體驗因此可能決定於顧客的理性判斷，但更常決定於顧客主觀的情緒、感官等等層次。

如此去看待市場交易，那麼各行各業提供的是包括服務流程、接觸點、實體環境、社群環境等等「**規畫的體驗**」（intended/planned experience）。而顧客實際經歷與感知的，則是「**實現的體驗**」（realized experience）。企業的價值提供，因此不再只是一個單向、線性傳遞與接受的過程。顧客在互動過程中與提供者共同創造體驗，而在此過程中讓價值「浮現」出來。

如果這樣浮現而出的價值讓顧客覺得有攸關性，那麼一方面就能留住顧客，另一方面，在訊息分享與搜尋都容易的數位環境中，也就能事半功倍地獲取新顧客。簡單來說，攸關的顧客體驗，才是在競爭環境中長期營利的基礎。

　　記事軟體 Evernote 創辦人菲爾‧利賓（Phil Libin）就參透了這一點，曾提出所謂 Stay then Pay 的經營邏輯：不急於逼促用戶在短期內付費；只要體驗夠好，用戶使用越久、透過 Evernote 存下越多記憶，長時間便自然有付費升級的動機。

　　Google 在線上搜尋這件事上，也有類似的邏輯。Google 多年來致力讓用戶一輸入關鍵字，便能在自然搜尋結果端很快地滿足當次的搜尋需求。等到全球越來越多用戶習慣在 Google 上頭不費吹灰之力找到所需資訊，Google 才有條件開始經營廣告主願意買單的搜尋廣告。

　　反過來說，不少人應有過興沖沖下載一個 App，打開一用便發現一直撞牆，跟原先預期的完全不一樣，二話不說就把這剛裝好的 App 給卸載的經驗。另外，也應有人曾經習慣在一家麵館吃麵，但某次在那兒吃到或看到令人作噁的東西之後，就再也不上門了。無論線上線下，這些狀況，都是服務提供者在體驗的管理上出了問題。如果說，前面提及的「攸關性」是「提供顧客充分的上門理由」，那麼數位時代無論線上還是線下的「體

《紐約時報》的左腦與右腦

　　《紐約時報》經過多年轉型，已經不同於傳統媒體將廣告數據、用戶數據與內容數據分別管理的模式，而是將這三者合併分析，洞察付費與非付費讀者的完整顧客體驗。在這樣的背景下，紐時憑藉數據與創意，便可經營各種分眾。譬如結合編輯、創意人員、製片師的 T Brand Studio 團隊，替顧客開發多元的原生廣告內容，提供專業創意與行銷服務。單單是該團隊替紐時在 Apple iTunes 與 Amazon Alexa 智慧語音平台上架的每日新聞播客節目「The Daily」，讓廣大的用戶群晨起或通勤時，有效地掌握重大事件與頭條新聞。而因為這廣大的用戶群，一年就額外替紐時帶來千萬美元廣告收入。又如數位版本的 NYT Cooking 單元，目前以收取年費或月費的方式，供讀者接觸美食專業記者與評論人的一手獨家見解。

　　因為超過半數的流量來自行動端，紐時為了讓員工加速認識、接軌行動端的用戶體驗，曾有一週的時間，讓總部內的電腦都無法登入紐時自己的網頁；以強迫的方式，讓編輯與記者透過親身的行動體驗，思考內容在行動端的收關性。

驗」，便直接關係到「讓顧客留得下來，願意重複回來」這碼事。因此，**提供良好的體驗，是長期性的顧客經營得以維持其攸關性的必要條件。**

簡單地說，面向顧客的體驗提供，除了「提供價值給顧客」、「讓顧客舒服」之外，重點在於「導盲」與「除障」：

- **導盲**

  開車的讀者，應該或多或少都有初次到某地，在設計失當的路標與標線導引下走冤枉路的經驗。這自然是負面的行車體驗。在商業情境中，無論線上線下，新顧客上門時，其實就像開車到陌生地區的「盲」的狀態。因此，對於新顧客「初體驗」（onboarding）的管理，就是個「導盲」的過程。

- **除障**

  對老顧客來說，回訪時已經熟門熟路了，自然不需要「導盲」。這時體驗管理的功夫，在於服務過程中，排除對顧客而言意料之外的「障礙」。忽然出現的額外收費、改版後與顧客過往使用經驗的大相牴觸、如前述麵館中不衛生的狀況、顧客已習慣的服務被取消等等，都屬於

意料之外的障礙。而所謂「除障」的努力，一方面包括盡可能降低這些障礙出現的機會；另一方面，若這些障礙不得不出現，則應透過由同理心出發的顧客互動，讓障礙對顧客所造成的干擾最小化。

即便在創業的情境，數據結合創意的體驗提供，也常能造就新創事業「柳暗花明又一村」的機會（也就是「精實創業」概念中的「樞紐點」）。以 Instagram 為例，其前身其實是個 2009 年上市，叫做 Burbn，結合 foursqure、行程規畫乃至手機遊戲的大雜燴型行動應用。但是這個行動應用問世一段時間後，用戶仍只有寥寥上千人；這時，兩個創辦人從極有限的用戶行為數據中看出用戶打開 Burbn，真會使用它通常是為了要上傳並分享相片，其餘功能基本上乏人問津。看出這個端倪之後，兩人決定將這款 App 改名，並大幅精簡原有功能，保留相片上傳與分享做為核心。改好的新應用發給百名用戶試用後，這些種子用戶就在線上把它擴散開來，不過幾天後，用戶數就超過 10 萬。

類似的例子，也發生在 2004 年就創立的 YELP 上。創立當初，YELP 的宗旨在於提供以電子郵件為工具的交友服務；後來同樣從數據中發現許多用戶藉由此一服務，評論並流傳在地商家的服務狀況，產品訴求才從「朋友的 yellow page」轉型為「商

自動駕駛計程車的乘客體驗設計

　　這幾年自動駕駛的汽車發展，廣受各界矚目。但其中有一項較少人意識到的問題：自動駕駛汽車的搭乘體驗。隸屬於 Google 母公司 Alphabet 旗下的 Waymo，經過 10 年的開發，在累積超過千萬英里的 Level 4 自動駕駛測試之後，Waymo 於 2018 年年底，在美國鳳凰城推出商業化的 Waymo One 自動駕駛計程車服務。這時候，初次使用上的不熟悉、搭乘計程車卻沒司機所衍生出的種種心理障礙，都讓相關的體驗設計，成為需要結合數據與創意的導盲與障礙排除修練。Waymo 這方面已累積出若干有趣的經驗。舉例而言：

- **透過 App 的叫車用戶該精確地在哪兒上車？**

  傳統上，有駕駛的計程車，為了賺錢，可以「隨機應變」地適應各種上車情境與地點，有時不免違反交通規則。而守法的自動駕駛車，不讓乘客失望之道，是在叫車的行動 App 地圖上以藍色明確標示合法上車區域，導引乘客自然地在對的地方搭車。

- **如何讓視障乘客知道車來了？到哪兒開車門？**

  Waymo One 所嘗試的方法中，發現視障乘客透過行動
  App 讓車子喇叭響起，是相對有效的方法。

- **行車過程中，車廂內要有什麼樣的「氣氛」？**

  視覺上，讓乘客面對大型螢幕，人性化地顯示車行資訊；
  夜間該螢幕會自動調暗到柔和不刺眼的程度。聽覺上，
  透過愉悅而華麗的 E 大調樂曲播放，打造輕鬆正面的聽
  覺體驗。如果有各種狀況（如緊急剎車），螢幕與車內
  音響會給出明確的視覺與聽覺線索，並且透過語音的音
  調變換，讓乘客自然理解狀況的緊急／嚴重程度。

- **到達目的地如何告知？**

  剩一分鐘將抵達目的地時，語音啟動，提醒不要把隨身
  物品忘在車上。到達目的地，語音便明確而輕柔地告知
  已到達。

家端 yellow page+ 在線評論」的定位。

　　媒體鋪天蓋地吹捧「大數據」、「AI」這麼多年下來，一般常想像只要有數據分析的好工具，或套入 AI，餵數據進去，就能像灌香腸般有香噴噴的成果跑出來。但現實上，面向顧客的不斷合理化經營，是個針對顧客體驗，不斷地「導盲」與「除障」的歷程。其中需要理性的計算能力，也需要富同理心的創意和想像力。

3.7
台灣企業的補課需要

　　根據蘋果統計 iPhone 用戶一天平均解鎖使用手機 80 次。Android 陣營的用戶，使用手機的頻率應也不相上下。顯然，今天的消費者，生活在一個由手機貫串，線下與線上交織的雙元世界。在這樣的雙元世界裡，「導盲」與「除障」，說來容易，卻是需要經年累月蓄積功力的修練。

　　經營虛實整合的體驗，如前所述，一方面需要數據彙整、分

析、解讀與應用的能耐，另一方面需要出自同理心的創意與想像力。左腦與右腦的修練，在快速迭代中提供更細緻的用戶體驗，是曠日廢時的苦工，尤其不是台灣企業所長。台灣企業一向嫻熟於具體的經營領域，包括硬體製造與直接面對面接觸的服務。然而在無法直接「看得到」、需要程式化進行顧客端數位經營的範疇中，馬步蹲穩者仍相當有限。

先不提難度更高的「虛實整合」，只看數位行動方面的一個例子，便能客觀理解所謂馬步修練的強弱程度。**圖 3-1** 採 2017 年夏天 Google Play 上的數據，比較台灣與美國兩個市場中，具代表性的零售業者與規模最大的銀行業者，其各自發行的手機 App 被使用者評價的平均得分。以零售業而言，台灣的 10 家代表性零售商 App 平均得分是 3.31 分，美國經營項目雷同的 10 家則是 4.27 分。就銀行業來說，當時台灣資產總額前 10 大的銀行 App 平均評價分數為 3.44 分，美國則是 4.26 分[10]。

在這兩個業種的比較裡，台灣業者所得到的評價，平均而言大約少美國同業 0.8 分。此外，就這兩個業種而言，台灣納入比較的業者，其 App 最高的得分，約略皆同於美國同業中得分最

---

10 部分文字資料改寫自黃俊堯原發表於《哈佛商業評論》線上文章：https://www.hbrtaiwan.com/article_content_AR0007175.html。

圖 3-1　台、美兩市場中的行動用戶體驗比較

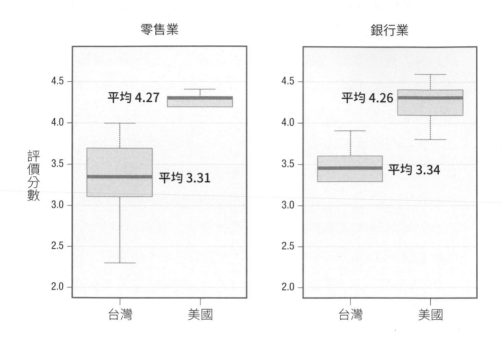

註：零售業，取兩市場中量販、百貨、美妝、電器、電商等領域的龍頭。美國納
入 Walmart, Costco (US), Target, Macy's, Kohl's, JC Penny, Walgreen, CVS, Best Buy,
Amazon 等 10 家；台灣納入類型相似的大潤發、Costco (TW)、Sogo、新光三
越、遠百、全聯、屈臣氏、康是美、燦坤快三、PC Home 24H 等 10 家。銀行
業，取當時兩市場中資產總值最高的前 10 大零售銀行。美國納入 BOA, Chase,
PNC, Wells Fargo, Citigroup, Capital One, TD Bank, US Bank, BNY Mellon, Barclay's
等 10 家；台灣納入台銀、兆豐、中信、合庫、一銀、富邦、華銀、國泰世華、
彰銀、土銀等 10 家。數據擷取於 2017 年 6 月初。箱型圖箱內的粗橫線，標示
該組數據的中位數；上下箱緣，則分別為 75 與 25 百分位數。

低者。

　　這 0.8 分的差距，就是業者在顧客行動端所提供體驗的差距。更進一步推敲，這差距實一葉知秋地彰顯了兩個市場業者，對於數位時代所提供的顧客經營與攸關體驗，在認知與實踐等方面，存在著的鴻溝。

　　無論是零售或金融業者，在數位新局裡自然應由傳統嫻熟的實體服務，邁入線上線下雙元經營、無縫整合的顧客經營。因此，幾年前零售業便意識到在 SoLoMo[11] 環境中，「新零售」、「全零售」的重要。另一方面，零售金融業者幾年前也同樣漸漸意識到「把銀行開到顧客手中」這項挑戰有多嚴峻。然而此處的客觀數據，具體說明了國內業者馬步還沒蹲穩的事實。

　　談數位轉型，當然遠遠不只是發行一支讓顧客有良好體驗的 App 那麼單純。若往深處探究，勢必牽連到提升體驗、落實虛實整合的顧客經營，調整作業流程、組織設計、人力資源配置等環節。如果企業經營者看懂了這新的一局，終於理解到顧客體驗的好壞，直接關係到數位經營的成敗，那麼究竟能怎麼辦呢？

　　答案其實很簡單：**缺什麼，就該補什麼。**

　　台灣企業過去因為文化背景和經濟發展脈絡，可說嚴重忽略

---

[11] Social, Local ,Mobile 三大消費端新環境背景的合稱。

了在經營顧客的正規作戰中所需要的數據能耐、創意與想像力。在技術變動快速、市場遊戲規則不斷改變的今天，經營者若能接受自家企業在提供顧客體驗的修練上，確實落後國外同業一截的事實，那麼合理的下一步，當然應該是務實地「補課」了。

淘寶找廣場舞KOL當用戶體驗研究員

出自創意與想像力的洞察和體貼，讓企業可以面向客群提供攸關的體驗。而這方面的修練，如數據端的修練一般，同樣需要長時間層層疊疊的累積。2018年年初，中國淘寶曾在杭州市公開徵求兩名「資深用研專員」，以協助淘寶優化其中老年用戶在手機上的使用體驗。從公開的徵人文件中，可以看出著重用戶體驗的數位經營者，在深入掌握不同客群、創造分眾體驗一事上的用心之深。

這份文件是這樣敘述的 [12]：

崗位描述：

年薪：35～40萬

1、以中老年群體視角出發，深度體驗「親情版」手淘產品，發現問題並反饋問題；

---

[12] 原始文件見 https://job.alibaba.com/zhaopin/PositionDetail.htm?positionId=47332.
金額為人民幣；手淘指手機淘寶 App。

2、定期組織座談或小課堂，發動身邊的中老年人反饋「親情版」手淘使用體驗；

3、通過問卷調查、訪談等形式反饋中老年群體對產品的體驗情況、用戶需求。

崗位背景介紹：

淘寶將全面圍繞中老年消費群體的場景和需求定制新的親情版本體驗，並打通家人之間的互動，運用精準運營實現更加立體、複合的千人千面。

崗位要求：

1、60歲以上，學歷不限，工作背景不限；與子女關係融洽；

2、有穩定的中老年群體圈子，在群體中有較大影響力（廣場舞 KOL[13]、社區居委會成員優先）；

3、需有1年以上網購經驗，3年網購經驗者優先；

4、愛好閱讀心理學、社會學等書籍內容者優先；熱衷於公益事業、社區事業者優先；

5、有良好溝通能力、善於換位思考、能夠準確把握用戶感受，並快速定位問題。

---

[13] Key Opinion Leader，關鍵意見領袖，指對群眾有影響力的人。

CHAPTER 4

數位轉型的「內功」

轉型的「外功」	顧客關係深化
	顧客關係維持
	顧客獲取

轉型的「內功」	營運	組織結構	人力資源	IT 資訊
	組織文化 + 領導			

轉型的基礎	數據		創意

從一家銀行的修練談起

提到數位轉型，亞洲金融業者常常會把目光投向新加坡的 DBS 星展銀行。DBS 近年在其執行長古普塔的帶領下，轉型的方向與步驟，都有值得金融業與非金融業借鑑之處。歸納起來，DBS 的數位轉型，有以下幾項特色：

- **務實而不務虛**

  依照帶領轉型的古普塔說法，DBS 轉型之初其實並沒有所謂的「通盤計畫」，而是依照環境的變化，務實地讓銀行適應現代環境。轉型過程中，強調不僅只是做擦脂抹粉、塗「數位唇膏」這樣的表面工夫，而是從組織各環節的基本面開始，不斷地再合理化。

- **循序漸進**

  DBS 在數位轉型上，並沒有突兀的躁動或盲動。轉型之初，根據最核心的需求，成立了兩組 12 ～ 15 人的小團隊。其一，專注於顧客體驗，其二，則專注於創新。透

過這兩支團隊大致摸清了環境的地形地貌之後，全行層次的轉型動作才次第展開。

- **以顧客體驗為轉型核心**

  DBS 近年轉型的過程，緊扣數位環境中最關鍵的顧客體驗一事，透過各種嘗試，要將銀行業務融入顧客旅程中。這方面的重視，讓 DBS 聘僱人類學家來幫忙「把脈」；同時為了讓全銀行前、中、後台各部門都能重視顧客體驗，古普塔規定直接向其報告的主管，年度計畫中必須至少有一項 KPI 直接關聯到內部顧客或外部顧客的顧客體驗。

- **全員投入**

  企業治理階層的支持，讓管理團隊能在轉型過程中清楚界定短期績效與長期投資間的平衡點，有助於擺脫許多企業在轉型時，因仍孜孜矻矻於短期獲利以致不見長期實效的宿命。至於龐大的員工端，DBS 轉型之初就在思考「怎樣建立一個有兩萬名員工的新創企業」。

- **雙重速度**

  2009 年古普塔一上任，便將銀行相關的資訊系統做了一次地毯式的盤點，界定出可維持與需要更新的區塊。此後，在資訊系統上便開始進行一邊維持營運，一邊拆房、打地基、新建等工作。在這方面的耐心，來自對於如 Google、Amazon、Facebook 等以數位驅動營運企業的觀察與學習。依照 DBS 的理解，Google 自 2000 年起花了 5 年的時間打造出現在數位經營的基礎，而 Amazon 則曾花了 6 年去重塑整個平台。

- **更新技術端的能耐**

  以成為一家「提供銀行服務的技術公司」為目標，幾年內從原先 85% 的技術外包，調整為只有 15% 的技術需要外包。過程中透過把應用變成「微服務」、以開源方式發展平台軟體等方式，將所有應用移到雲端，並且從顧客旅程的角度去設計應用程式介面（API）。

- **技術人力招聘的合理化**

  配合敏捷開發的需求，以黑客松的方式招聘科技人員，直接將銀行業務問題讓應徵者解決，即時考評應徵者的

技術能力與團隊能力。

從上述這些 DBS 轉型特色中，我們不難見到，一個企業的數位轉型，不只是技術問題，而且牽涉到組織中包括營運、IT 資訊、人力資源、領導等各面向的不斷再合理化。延續這樣的理解，我們將依次討論這些面向在數位轉型中的要點。由於是顧客無法直接、具體看到的面向，而在數位轉型過程中每個面向又都需要經營者審慎管理，所以各面向的功夫，我們姑且統稱為數位轉型所需的「內功」。

4.2
內功1：營運轉型

營運轉型的基礎，在於企業整理出各種發展情境，從策略面界定優先順序，清點數據端的能量與需求，然後在商業目標／預算／里程碑的規畫界定下，以數據貫串顧客、前台與後台的流程與配置。從流程的角度來看，無論企業原屬於什麼樣的行業，這

樣的營運轉型勢必涉及企業的生產流程、服務流程與顧客流程這幾個環環相扣面向的再合理化。

　　數位轉型過程中，企業營運端的再合理化，和第 2 章談及的轉型策略規畫觀一樣，強調由點而線、由線而面的循序漸進歷程。各種行業合理的數位轉型，在營運端便可能有如下**圖 4-1** 所示的幾種循序漸進「再合理化」型態。

圖 4-1　循序漸進的營運轉型

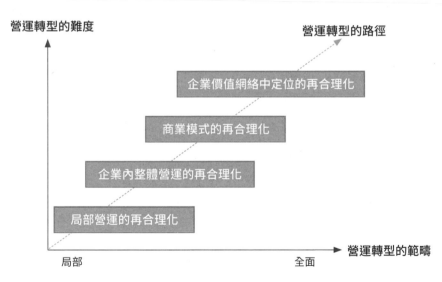

註：本圖概念部分參考自 Venkatraman, Nramanujam（1994），"IT-enabled Business Transformation: From Automation to Business Scope Redefinition," *Sloan Management Review* 35（1994）: 73-87.

- **局部營運的再合理化**

  為了維持攸關的顧客經營而出現營運上的轉變，跟其他數位轉型的面向一樣，都是出於再合理化的企圖。而營運端常以「試點」的方式，驅動再合理化。譬如工廠生產環節的數位自動化、銀行與零售業者透過 App 試圖串起虛實兩端等等，雖然僅限於局部，但都是再合理化相關修練的起點。而這類的再合理化企圖，通常與企業的數據能力互為因果 —— 透過數據看出值得優化的傳統營運做法、透過營運做法的思維改變，去激活更多的數據。

- **企業內整體營運的再合理化**

  由數據驅動的由點而線的營運再合理化過程，常涉及到「營運骨幹」的建置或更新。所謂營運骨幹，各公司定義有別，重點在於藉由數據的匯聚、流通與應用，維持規模化的可靠營運，長期支持並確保能持續提供攸關的顧客體驗。如行之有年的 ERP、CRM 系統，或者各業虛實整合過程中，視需要而發展的 CPS （Cyber-Physical System，網路 - 實體系統），都是透過數據打通企業營運關鍵環節的營運骨幹。營運上試點驗證技術可行性之後，轉型進程自然便是透過這類營運骨幹的現代化，提

Volvo升級營運管理 加速數位接軌

早自 2010 年，Volvo 汽車的經理人就已經意識到，未來汽車必須能在無線連網趨勢中，提供傳統車輛所無法提供的大量新服務。對於在全球車業中屬於規模相對較小的 Volvo 而言，要抓住機會、及早適應新的遊戲規則，便必須更新 Volvo 的創新能力，才能因應環境變化；但是另一方面，營業上則又存在著維繫傳統核心競爭優勢以創造短期利潤的壓力。也就是說，需要重新思考組織的運行方式以更新組織，但同時也仍需持續提升既有營運的效率。

在這樣看似衝突的雙重目標下，Volvo 一方面針對短期內的汽車研發與生產，留存仍然合理、有用的設計與製造慣例。另一方面，則嘗試新的方法，改變若干傳統上的研發、合作、夥伴關係管理方式，以加速數位接軌。

根據這樣的需求，Volvo 創建了以扶植創新能耐為主旨，突破既有組織架構，跨功能的 Connectivity Hub 團隊，負責整合內外部資源的任務；並且建置了名為 Volvo Cloud 的軟體開發環境，用來與如 Pandora Internet Radio、Spotify 一類的行動應用開發商進行合作，希望能提供 Volvo 車主無縫接軌的串流服務。

在這樣的合作關係中，Volvo 發現分別專精汽車製造與行動應用的雙方，所習慣的開發速度與開發邏輯截然不同。Connectivity Hub 團隊逐漸學習行動應用開發者看待事情的角度，並且折衝合作過程中因文化差異所導致的衝突。

過程中也發現，無法以傳統汽車業「零件供應商」的角色去看待這些行動應用開發商，相關的合作也難以套用傳統以件計酬的採購程序。Volvo 因此為軟體合作開發，設計出符合雙方長期合作所需的新型採購合約與採購程序。

透過這些學習與轉型，Volvo 從傳統上針對產品的「安全的車」訴求，跨越到針對顧客的「良好出行體驗」訴求。隨著前述在與車相關的價值網絡（或說「車聯網」）中的發展，Volvo 讓營運的再合理化措施，能與顧客體驗的再合理化發生連結。譬如近年廣受車主好評、本書稍早曾提及（見第 1 章 1-5）的 Volvo On Call 隨車管家，便是多年間 Volvo 營運端轉型，順應數位環境中各種用車需求迭代開發而成。

Volvo On Call 奠基於前述的 Volvo Cloud，最近又在 Volvo On Call 的基礎上，開發出可以讓隨處停放的汽車，後車廂成為快遞收貨點的 Volvo In-car Delivery 服務。

升企業的整體營運能力。

- **透過營運轉型，支援商業模式的再合理化**

  第 2 章討論數位轉型策略時，曾就模式改變的角度進行
  檢視。一旦企業具備了由數據驅動以整合虛實的營運能
  力，營運端的轉型，便能夠支援策略上的模式改變。此
  時企業可以現代化的營運骨幹為支點，透過合縱連橫的
  靈活身段，實現商業模式的再合理化。

  例如重型機具製造商開拓重工（Caterpillar），曾以
  持有少數股權的方式，與工業數據分析新創企業 Uptake
  合作，而後也建立以開發新興技術、協助客戶解決問題
  的 Caterpillar Ventures。開拓重工與 Uptake 的合作，讓
  已有超過 90 年歷史的開拓重工的商業模式，從傳統上
  的賣斷機具，轉變為透過數據蒐集與分析，而在整個產
  品生命週期內，為顧客提供各項優化建議，創造新的價
  值。在這樣的轉型過程中，開拓重工也發現傳統上重型
  工具機領域中的產品開發時程通常需要 3 到 5 年，但數
  位新創的迭代開發循環，卻是以週甚至以日來計算。透
  過這樣的合作，開拓重工逐漸習慣兼容兩種速度並存的
  開發與營運慣性。

- **透過營運轉型，支援企業在價值網絡中定位的再合理化**

  數位轉型涉及企業在價值網絡中的重新定位，同樣需要營運端的配合與支持。就這方面而言，營運轉型的重點已不僅是企業內部的優化，而是牽涉到企業與價值網絡中其他節點的順暢連結，落實數位環境中低交易成本的優勢，維繫乃至提升顧客體驗的攸關價值。

  以奇異公司（GE）而言，近年從產品而服務，由服務擴大到提供解決方案，過程中建置了 Predix 數據平台，透過相關的物聯網布局，為從飛機引擎到風力發電機的顧客優化其效率。雖然 GE 近年因清理幾十年前傑克‧威爾許（Jack Welch）所留下的包袱而走得十分吃力，但是以其上百年來在工業領域累積的能耐，單就 Predix 平台相關的工業數據投資與經營而言，正是 GE 就其本身長項，在價值網絡中定位再合理化的企圖。

內功 2：IT 資訊轉型

數位轉型的策略思考，須仰賴營運端的變革才能落實；而營運端的數位變革，則必然需要 IT 資訊端的配合支援。

英國電信商 O2，幾年前開展服務自動化時，曾為了避免疊床架屋，以及對於團隊中流程、業務專才的信任，而沒有將 IT 資訊端同步放到轉型規畫中。但不久後，便發現包括資訊安全、資訊人才、系統可擴充性、資訊架構等方面的再合理化，都是營運轉型過程中無法迴避的課題。

這方面，針對轉型企業 IT 資訊端而言最為複雜而嚴峻的挑戰包括：

- **資訊安全的挑戰**

  相對於其他 IT 資訊發展面向，許多企業在資訊安全領域上的實質人力、財力、物力布置，其實堪慮。就組織政治的現實而言，其他 IT 資訊發展面向，通常因為將扮演未來業務的助力，而受到其他部門／功能別的關注乃至催促。相對的，資訊安全在承平之際，則在組織內相對

不討喜，容易被視為麻煩或阻力。加以資安傳統上較難與企業的業績直接連結，因此在企業的資源配置上，自然較難受到合理的關注。

　　但是，長期而言，涵蓋軟體、硬體、流程與人員的資訊安全不斷再合理化，卻是企業「不敗」的基石。在一個憑藉 AI 黑箱運算、大量感測聯網、語音影像即時捕捉、5G 快速傳輸的世界中，除了各種「虛實整合」的駭客威脅外，早晚會出現從不友好國家的國家層次，到無預警孤狼型態，發自政治、經濟、偏差心理等因素的各類「數位恐怖攻擊」。不只鎖定傳統資安領域對應已久的「電腦系統」，新型態的駭客乃至數位恐攻，還可能藉由手機、智慧家庭、人臉辨識系統、工廠機具、無人駕駛車等系統的破口侵入，而造成財產乃至人身安全的損害。**未來因資安漏洞所造成的損害，將遠遠超過傳統駭客在電腦系統上所能造成的破壞。**2001 年 9 月 21 日以前，沒有人能想像那天在曼哈頓所發生的事。在數位環境中，遲早也會遇到類似的、難以預料的新型態攻擊。在誰也料不準攻擊將以何種型態、來自何方的情況下，既然攻擊方必定「柿子挑軟的吃」，企業在資安的修練上，若能至少比同業都堅固，自然能降低成為攻擊對象

的機率，而相對「不敗」。

- **「兩種速度」的挑戰**

  靠著資安求「不敗」之外，企業的 IT 資訊運作也常態性面臨「雙軌」發展的挑戰。從策畫的角度探討數位轉型策略時，我們曾討論到兼顧「現有營運」與「未來需求」這「雙軌」經營的必要性。面對轉型過程中營運端必不可免的「雙軌」運行，考量一般由點而線、由線而面的數位轉型進程，再加以傳統系統開發與當代敏捷開發模式的差異，IT 資訊端的因應之道，便是以「兩種速度」運行，以支援營運端短期內的「雙軌」運行。

  以金融業為例，全世界的金融業者在業務不斷演化、技術日新月異、監理法規重重的環境中，長期以來 IT 資訊系統的發展，難免呈現層層堆疊的狀況。而今面向數位轉型，重新檢視 IT 資訊系統時，便都面臨原系統疊床架屋、架構欠合理等問題。這時候談數位轉型，必然需要有一段時間，一方面讓原本的系統可以妥善地以原有模式運行，維繫營運的穩定；另一方面則在再合理化系統架構的前提下，追求敏捷的新系統開發，為長期的轉型與經營作準備。因此，IT 資訊端便自然有所謂的「兩

世豐靠IT滿足更多客戶需求

　　台灣最大的烤漆螺絲廠世豐，幾年前失去大顧客家得寶（Home Depot）訂單之後，向全球尋找新客源。陸續開發的新客戶有著各種不同的需求，因此生產的品項數目及複雜度都大幅增加。世豐的應對之道，是持續提升早就已建置的資訊系統，不斷讓生產過程更合理。2011 年世豐導入 ERP，爾後繼續砸大錢建置智能排程系統，並且邁入生產履歷雲端化的製造執行系統（MES）建置。在數位轉型的過程中，世豐讓員工理解到自己是系統的管理者，而不是被系統取代者。

　　轉型後的工廠，因為全廠都已數據化，廠內上萬具的生產模具全部建了檔，所以除了打頭、成型、搓牙、割尾、熱處理、電鍍、烤漆、包裝等烤漆螺絲製程的最佳化外，透過數據系統，就能匹配訂單與模具壽命，連模具替換的成本都能受到有效管控。

種速度」，同時運行。

　　兩種速度的 IT 資訊開發管理都需要資源的配置，而
企業內對於兩者的分配權重，即便是同業間都有頗大的
差異。國際數據資訊公司（IDC）曾估計，美國銀行業者
分配於支持轉型的新系統開發預算，幾年內將從占整個
IT 資訊預算的 25%，提升到 2020 年的 40%。但是如摩
根大通集團（J.P.Morgan）這樣轉型企圖心更強的企業，
2017 年在 IT 資訊端逾百億美元的花費上，用來「改變銀
行」的預算金額，已經與用來「維持銀行現有運作」的
預算金額並駕齊驅。

- **IT 資訊人才的挑戰**

　　在這樣的趨勢下，有顧問業者透過徵人廣告，統計出
2018 年第 1 季歐盟境內各銀行徵求 IT 員工的數量，是
2015 年同期的 11.4 倍。很明顯的，數位轉型需要企業 IT
資訊相關人力資源的投入與配適。

內功 3：人力轉型

　　其實不只金融業，各行業都有大量提升 IT 人力的需求。根據麥肯錫顧問公司 2018 年 10 月所發布的全球調查結果，受訪企業預期其企業內現有的 IT 資訊工作人員，平均大約只有 42% 在 3 年後仍適用而可被留任。相對的，有 31% 的 IT 人力預期將由新血取代，而另外 27% 則將透過外包方式來滿足。

　　數位轉型過程中，人力需求的更新與強化，當然不只 IT 資訊這個環節。如第 3 章中所討論的，企業開啟面向新時代顧客經營，需要數據與創意修練；而這方面的修練，自然需要在行銷、營運、研發、人力資源等企業功能別下，有足以配適的人力，使得行銷人員能更細緻的理解與經營顧客、營運人員能更完善營運各節點的動態掌握與優化、研發人員能快速迭代、人力資源人員能建構更合理的人力更新機制。世界經濟論壇（World Economic Forum）近期發布一項未來人力資源需求大型調查結果（見**表 4-1**）便指出，各行各業面對數位發展，都需要若干或重「左腦」、或重「右腦」的新角色。相對的，若干有 SOP 可循的傳統工作角色，預期未來將被各種自動化技術所逐步取代。

表 4-1　數位轉型下的人力資源需求變化

有穩定需求的角色	越來越重要的新角色	重要性消褪的角色
執行長、總經理	人工智慧專家	數據輸入人員
軟體工程師與分析師	新技術專家	簿記與帳務人員
數據分析師與數據科學家	流程自動化專家	高階主管秘書
行銷專家	創新專家	工廠組裝工人
銷售代表	資訊安全專家	會計與審計人員
人力資源專家	電商與社群媒體專家	收銀員
理財顧問	顧客體驗與人機互動設計專家	銀行櫃員
供應鏈專家	訓練與發展專家	各種車輛駕駛
風險管理專家	機器人專家	採購人員
教師	人際與跨文化專家	……
法令遵循人員	數位行銷專家	
……	……	

資料來源：*The Future of Jobs Report 2018*, World Economic Forum.

總之，在數位轉型策略的驅動下，企業有大量與過往不同的人力需求。由於環境迅速變遷，企業摸著石頭過河經歷不同階段，人力需求的內容也勢必隨之迭代更新。

培訓員工接軌數位技能

　　就初階的人力需求而言，企業應理解招募進來的新血，如果純粹倚賴學校正規教育的培養，那麼數位新局裡「學用落差」的情況將很難縮減，甚至會越來越擴大。所以人力資源部門的要務之一，是讓年輕新血與企業現實間的相互接軌可以順暢些。而此類接軌任務的執行，除了傳統上人力選用後的培訓之外，也不應忽略了選用前的各種可能性。例如企業重新設計嚴謹規畫、異於傳統打雜概念的常態實習機制，乃至深入與大學研究所的教研合作，都是目前企業經營年輕員工人力資源的全球趨勢。

　　至於既有人員的能耐更新，**實體原生的企業可以思考與數位原生企業的各種互利合作可能**。譬如法國家樂福，除了訂出 5 年成長計畫，打算將數位技術相關預算放大 6 倍之外，也透過與 Google 聯手，加速自身雲端運算與 AI 能量的累積，同時委託 Google 訓練 1,000 位關鍵員工，讓組織能較為順利地適應新接軌的技術。

此外，不同的企業，根據轉型的需求，還有各種更新能耐的作法。例如食品大廠雀巢，在瑞士總部創設「**數位加速團隊**」（Digital Acceleration Team）專案，讓全世界各地選拔出的優秀員工，到瑞士組成為期 8 個月的數位專案團隊，涉獵並處理數位環境中包括市場開拓、人才開發等等的轉型課題。結束之後，參與人員歸建回各自的市場，一方面維繫培養出的 DAT 校友網絡，另一方面成為各市場中雀巢數位轉型的火種。

　　而為了加速資深成員對於數位動態的掌握，萊雅（L'Oréal）甚至啟動一項「**反向師徒**」計畫，讓 120 名管理團隊成員，與 120 名年輕員工成對搭配，鼓勵這些組合裡的年輕員工，成為管理團隊成員在數位領域的「老師」。

　　除了傳統人力資源所管理的各環節之外，企業不斷再合理化的過程中，經營者也應重新思考組織中的人力，在新局裡究竟是何種意義的「資源」。傳統上，企業的員工常在「工作效率」的大旗下，被寄望像機器人般，不斷執行重複而結果可被具體衡量的任務。但隨著數位技術的發展，各業中只要是有一定規則可循、依靠標準 SOP 便可百分之百完成的任務，遲早將可透過人工智慧結合各種型態的機器人完成。對於企業經營者而言，這樣的前景，意味著數位轉型策略的構思中，同時需要**檢視未來「員工」存在的意義與價值**。

如果未來的經營以及數位轉型的格局，在乎的是照著現有的模式，把公式化的事情做得更快、更省，那麼就事論事，數位化的主旨就是把現下被當作機器差遣的員工，替換成智慧化的機器。但經營者也需要認知到，完全以成本效率為依歸的經營模式，未來勢必走上大者恆大之路 —— 資本雄厚者取得最好的技術，享受最大的規模經濟乃至範疇經濟效益。資本規模落後者如果還守著類比時代「擰毛巾」、壓榨勞動力以追求不斷 cost-down 的經營，長期而言勢將因為沒辦法與資本雄厚者在無差異化的競局中拚比效率，而成為被淘汰、取代、合理化的對象。

重新檢視員工在數位時代的價值

　　相對的，如果經營者「以人為本」，在企業未來的發展圖像中除了數據所帶來的效率提升外，還在乎數據結合經驗與創意所能帶出的新局，那麼思考的焦點，當是「**怎樣透過數位技術，讓作為企業珍稀資源的每個員工，都能發揮比過往更強大的戰力。**」循著這樣的思路，企業人力資源端配合數位轉型的重點，便在於逐步將員工從公式型、重複性的傳統作業，導向數據乃至人工智慧無法取代的、倚靠經驗、直觀與創意的知識型工作，走出與競爭者有明顯差異的新局。在這類的轉型過程中，經營者對

於員工、思考配適的人才布局時，值得注意以下幾件事：

- **理解不同世代的員工，有著不同的數位認知與習慣**

  數位技術變動快速，所以不同世代的員工，根據其成長背景，便有不同的數位認知與習慣。有此理解，方有可能知人善任，設計出攸關的「內部顧客」體驗，與適才適用的工作設計。而掌握世代間的差異（譬如新世代的工作者即便沒有換工作的動機，也有隨時測試驗證自己在就業市場中價值的習慣），也能有效降低因誤會而引發的不必要衝突。

- **讓員工由「安心」而「向心」**

  媒體渲染數位技術將取代各種人力之際，員工自然對於工作在未來可能被取代有所擔憂。打算讓數位技術輔助員工而不是取代員工工作的企業，便應該明確溝通這樣的轉型方向。員工在安心與向心力提高之餘，多半也會順著企業的轉型方向，思考如何配合、適應。

- **薪酬制度的再合理化**

  透過數位技術輔助員工工作，會將適應良好與適應較差的

員工績效差距拉得更大。此外，在可預見的未來，若干因應數位新局所需的人力資源，在全球將出現供不應求的狀況。各業競逐人才的過程中，一般企業難有足夠的資源吸引「最好」的人才，但仍可能藉由合適的使命、工作環境、工作條件與薪酬配套，吸引合適的人才。這些狀況，都指向企業的薪酬制度有必要再合理化。

- ## 建立員工職涯與企業變革的共榮連結

  員工在組織裡，不用多久便清楚企業是不是把自己當成「免洗筷」。不把員工當作免洗筷的企業，數位轉型的過程中，在人力資源的管理方面，應有跟隨企業轉型腳步，讓員工同步提升戰力的布局準備。數位轉型是知識密集的過程，所以企業提供員工各種同步增長更新知識的機會，其實便是在塑造員工與企業共生共榮的連結。

- ## 領導者須言行合一

  數位時代的現實，是員工較過往有更多元化的組織相關資訊來源。而員工只有在認為領導者理解大局，且領導者言行合一的情況下，才會願意朝著與公司一致的數位轉型方向前進。

UNIQLO 的數位轉型與人才策略

2016 年下半年，UNIQLO 面臨淨利衰退 8 成的獲利懸崖，促使創辦人柳井正重新思考 UNIQLO 未來的走向。

隨著 2017 年進駐東京台場有明地區 UNIQLO City Tokyo 新大樓，啟動了 UNIQLO 的「有明計畫」。整個計畫企圖讓 UNIQLO 從傳統上「Made for all」的品牌概念轉為「Made for you」；從「快時尚企業」轉型為「數位服飾零售企業」。有明這棟六層樓大樓的前五層，主要是物流設施；第六層，則是面積寬廣而不設隔間的辦公場所。商品企畫、生產、物流、營業、IT 部門的人員在這層開放空間中，有事直接傳達、溝通。各個傳統部門的人員被期待透過重新布置的工作場景與流程，讓產品從企畫設計到物流銷售，乃至顧客服務等環節，都能徹底數據化；而後再透過數據重新合理化企畫設計、物流銷售、顧客服務。

在這個涵蓋廣泛轉型的過程中，「人才」這件事，被放到很前頭的位置。對人才的重視，直接反映在員工薪資的調整上。在 UNIQLO 的規畫上，以 2020 年春季入職的員工為例，起薪便將比一兩年前的水準調升兩成（達到每月 22.5 萬日圓）。調薪的邏輯，簡單地說，是透過高薪，確保轉型過程中擁有不可或缺的年輕優秀人才。

內功4：組織與轉型

哥倫比亞大學商學院教授麥格拉斯（Rita Gunther McGrath）曾研究 2000 年到 2009 年為止的美國數千家大型企業，發現其中有辦法常態維持每年淨利至少成長 5% 的原因，一方面是其「基礎」非常穩定，另一方面則是同時能快速適應環境的變化。麥肯錫顧問便曾**以「智慧型手機」來比喻這類「既穩定，又適應」的企業組織，並且認為這樣的組織最符合數位轉型之需**。

以「智慧型手機」比喻一個企業組織，則組織的結構與文化，就有如智慧型手機中相對穩固的「載體」；而數位轉型過程中所需要的各種任務、模式、團隊，是因時因地制宜的應用層，有如智慧型手機裡的 App，可以隨時因應需求而安裝或卸載。

依照這樣的比喻，我們在這裡討論企業轉型中的組織面各環節，談的就是這轉型所需的「載體」。

組織結構

半個多世紀以前，策略學者錢德勒（Alfred Chandler）從他對美國大型企業發展史的分析，歸納出組織結構隨企業策略而變動的歷史事實。在數位轉型的過程中，不同的轉型策略方向、節奏與步法（詳本書第 2 章的討論），便會界定出對應各策略的不同組織結構。反過來說，組織結構的現實，深刻地影響各種轉型策略具體落實的可能性。

總部在法國的跨國資訊顧問公司凱捷（Capgemini）曾就其顧問經驗，聚焦於數位策略的擬定、預算部門、數位相關營運團隊的編制等三個面向（見圖 4-2），歸納出數位轉型過程中常見的四種組織型態。

- **分治型（silo）**：各 BU（事業單位）自行擬定數位發展策略、各自擁有相關預算權與營運團隊。
- **集中協調型（central coordination）**：數位發展策略與預算由總部統一控管，交由各 BU 的營運團隊執行。
- **數位輪軸型（digital hub）**：總部有專責數位發展單位，但各 BU 也各掌數位策略、預算與營運。各 BU 須採用總部專責單位所提供的數位解決方案或數位資源。

圖 4-2 數位轉型過程中的不同組織結構

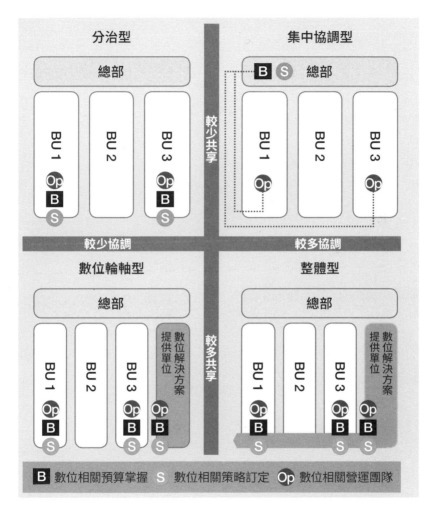

資料來源：Capgemini Consulting（2011），*Digital Transformation: A Roadmap for Billion-Dollar Organizations*.

- **整體型（global）**：整體數位發展策略由總部專責單位制定，該單位也掌控較可觀的數位發展預算。各 BU 根據整體策略，各自制定其相應的策略、編派管理所需的預算，須採用總部專責單位所提供的數位解決方案或數位資源。

根據凱捷的顧問經驗，企業數位轉型過程中採用的組織結構，以集中協調型最多，但其他三種也都占有一定比例，且彼此間沒有何者特別「勝出」。

管理風格造就轉型文化

就「載體」的意義來說，組織結構就像手機的作業系統，施行後通常會維持許久；但長期而言，一方面**可以**、同時也**必須**隨著環境變化與策略變動而「升級、更新」。「載體」面恆常不動（類似手機的硬體）但關係到數位轉型一事至深且廣者，則是企業的組織文化。

組織文化源於企業創辦者的意志與行事風格，在長時間的管理互動中被複製、定型，並且很大程度地影響與數位轉型策略有關的「怎麼看」、「怎麼自我定位」、「往哪兒走」、「要改些

什麼」、「使用什麼方法」等關鍵問題。一個企業願不願意耗時費力地耐心蹲馬步、修練轉型所需的數據與創意能耐，直接受到它是否擁有「不僅關注表面，不只在乎短期」、是否具備「敢和別人不一樣」的文化所影響。也因此，幾年前當星展銀行啟動其數位轉型時，首先意識到的挑戰是，「如何讓一家兩萬人的銀行，文化上轉變為趨向一個新創組織」。**數位轉型，在這樣的意義上，其實便是一個組織創新乃至再創業的過程。**

而關於組織「載體」的更動，商業史上也屢見反面的例子。日本索尼（SONY）前常務董事土井利忠，2006 年曾在《文藝春秋》雜誌上，撰文細說 SONY 組織文化的變遷，以及連帶影響到的企業走向。依照他的陳述，戰後由創辦人井深大所帶領的 SONY 團隊，像是個「不知疲憊，全身投入開發的團體」的「激情集團」。這個集團敢於「做別人不做的事」，而且認同「工作的報酬是工作」，整個組織被譽為「工程師的樂園」。這樣的文化，讓 SONY 在不被看好的情況下，開發出單槍三束彩色映像管特麗霓虹（Trinitron）技術，參與的員工無不深感驕傲。即便特麗霓虹與後續的技術開發，讓 SONY 享有幾十年的榮景，但走在世界發展前沿的決心，讓井深大晚年意識到有革自己命的必要，而曾提及必須開發出讓特麗霓虹變得落伍的新技術。但是自 1990 年代中期開始，SONY 的組織文化往績效主義

傾斜，員工績效決定於瑣碎的評價標準，使得短期難看得出利潤貢獻的產品品質檢驗，以及與品質有關的細膩工序，不再被重視，開發人員心中的「火焰」被澆息，團隊精神也日漸消失。績效文化更導致 SONY 在開創新局上怕犯錯而瞻前顧後，甚至連井深大念茲在茲，針對核心產品的自我革命一事都不再被重視。文化的改變，致使 SONY 在 90 年代至關重要的液晶螢幕開發，一改過往勇往直前之風，轉而尋求與三星合作。至此，SONY 的文化「載體」，便已失去創業之初敢為人先的勇氣與幹勁，而相對平庸化。

KPI 代表組織文化的價值觀

組織文化在乎些什麼，通常就彰顯在組織的關鍵績效指標（KPI）。亞馬遜和其他企業一樣，每年都會訂定年度工作計畫，確立考核項目。貝佐斯在 2009 年給股東的公開信中，具體透過考核項目的列舉，說明亞馬遜組織文化中對於顧客體驗的重視程度：

「我們每年從秋天開始規畫下一年度的目標，在新年前後的購物高峰結束後具體制訂。這是個漫長、注重細節卻也充滿生氣

的過程。……對於顧客體驗，我們深具急迫感。而規畫年度目標的過程，能幫助我們落實顧客體驗的不斷提升。2010 年我們一共有 452 個細項目標……回顧這些目標，我們發現一些有趣的數據：452 個目標中，有 360 個會直接影響到顧客體驗。『營收』這詞彙共被用了 8 次，『自由現金流』更僅用了 4 次。452 個目標中，『淨利』、『利潤』等字眼則從未出現過。」

重視顧客體驗的文化如此深植於亞馬遜，源於貝佐斯以降，對於數位競爭中「規模經濟」重要性的清楚認知。在數位戰場上，如果能壓低取得顧客的邊際成本，經營越多用戶，就越能享受到量增所帶來的規模經濟效果。而邊際成本降低的關鍵，則在於到位的顧客體驗 —— 如果企業真能提供好的體驗，那麼新用戶的開發可因口碑效應而事半功倍（因此降低了邊際成本），同時讓既有用戶的重複使用率與留存率也因而提高。

總的來說，包括組織文化與組織結構，都可能是數位轉型的阻力。著眼於不斷再合理化，經營者自應審慎盤點這兩個非常關鍵的組織環節。而如果要有系統的偵測與掃除組織層面，對於數位轉型可能造成的阻礙，要從**表 4-2** 所呈現的組織各種可能「轉不動」的「懶」盤點起。這種種可能的「懶」，都出自人性，同時也都是組織文化或組織結構的產物。

表 4-2　組織在數位轉型上的各種「懶」

分類	根本問題	組織人員在此情境下的狀況
心理拒斥	徹底排斥、畏懼學習	覺得做得好好的，幹嘛要改變？因而產生負面情緒，抗拒各種轉型作為
常規限制	個人、組織的常規與價值觀	既有的常規和價值觀在社群中會不斷複製、強化，而形成一堵看不見的轉型障礙牆
技術窠臼	守著過往的技術與假設，對於新技術沒信心	把自己與某種技術綁在一起，認知上傾向順著過往的發展路徑，進行漸進式改變。對於推翻原有假設的新技術，態度抗拒
模式固化	經濟層面的「路徑依存」	把自己與某種商業模式綁在一起，對於該模式非常熟悉，也順著該模式養成一系列的習慣與行事方法
組織政治	派系化與利益衝突	把自己與組織人際網絡中的既有利益綁在一起，覺得轉型會剝奪原有的穩定結盟關係與既有利益

資料來源：參考改寫自 Besson, P., & Rowe, F.（2012）. Strategizing information systems-enabled organizational transformation: A transdisciplinary review and new directions. *The Journal of Strategic Information Systems*, *21*（2），103-124.

至於要怎麼克服這些「懶」所造成的轉型障礙？這大哉問，則是個標準的領導問題。

4.6
內功5：領導與轉型

　　傳統的企業轉型觀點，大致是把企業變革視為一個「有頭有尾」、有一定步驟可循的「事件」。以著名管理學者柯特（John Kotter）所提的方法論為例，轉型過程的理想程序便是在目標確認之後，循著「升高危機意識 → 建立指導變革團隊 → 提出適當願景 → 溝通變革願景 → 促使行動，移除變革障礙 → 快速創造戰果 → 鞏固戰果，再接再厲 → 將變革結果深植於企業文化中」這樣的脈絡循序推演。

　　但是這樣「一次性」的轉型觀，較適合有相對明確「終點」（譬如「ERP 系統裝妥運行」）的轉型「事件」。而我們所討論的**數位轉型**，則不是個頭尾明確的**「一次性事件」**，而是屬於**當今經營者所應對的「常態」**。當變革諸事從「一次性事件」成

為「常態」，企業領導者看待數位轉型，便應有長期累積在混沌中維生與前行能力的打算。如果延用傳統的轉型方法論，也需要意識到在「不斷再合理化」的過程中，需要讓前述柯特的轉型序列脈絡能不斷循環、迭代。

　　在改變成為常態且沒有終點的狀況下，不少企業領導者已經意識到，數位轉型必須、也必然是「穿著西裝改西裝」、「邊開飛機邊改飛機」、「邊行進邊變換隊形」一類的艱鉅挑戰。更複雜的狀況，則在於許多傳統經驗未必適用於新局；孰是孰非、如何選擇，在變遷動態中因此也較以往更缺乏明確的判準。在這樣的情況下，數位轉型的領導，迄今比較明確而合理的重點，基本上可以歸納如下：

- **領導者必須先看懂數位新局，否則難收轉型實效**

  數位轉型茲事體大，關係到企業各層面，也影響企業的長期發展。我們曾討論到，數位轉型以**效能**為要。領導者如果無法領悟數位新局對於傳統競爭的根本性衝擊，無法掌握數據與創意修練的重要性，參不透各種潮流的本質與虛實，便很難期待能做出「對的事」。

- **方向要清楚，但必須能接受目標的模糊性與變動性**

  當過程步驟明確時，設定目標是合理的，甚至是必要的。但當現狀與理想間的步驟繁複而非線性、環境變化快速，很難完全按著事先規畫前行時，接受目標可以是動態模糊的、未必能精確量化的，是領導上很關鍵的理解。數位轉型中，領導的方向應該清晰 —— 要進行什麼樣的修練、培養什麼樣的能力、讓企業能升級打什麼樣的仗。相對的，在目標設定上，應容許模糊性與變動性的存在。簡單來說，就是**方向清楚地摸著石頭過河**。

- **要有管理同時存在於組織內「兩種速度」的心理準備**

  不斷再合理化，是個去蕪存菁的過程。但是在這過程中，企業除了「變」之外，還有營業端、財務端「穩」的壓力。所以數位轉型的領導者，必然面對同時要應付一連串相互矛盾的衝突：既要慎重又要創新、既看短期也看長期、既想持續營利也想修練新本事、既要經營裡子也想照顧面子。領導者勢必需要透過縝密溝通轉型邏輯與方向、拿捏資源的編派，調和企業必有的這些矛盾。簡單說，領導者需同時管理「今天要營利」與「明天要生存」所需的兩種不同速度。

- **需要鍛鍊「兼容式思考」（Janusian Thinking）的能力**

  在羅馬神話中，Janus 是臉朝著兩個相反方向的雙面門神。在變動快速、難以預測的數位時代，企業的發展必然面對「一方面求有效管控，一方面強調創新」、「一方面希望集中標準化，一方面期待員工自主自發」、「一方面要照顧短期營利，一方面需思考長期發展」等等看似相互衝突的緊張狀況。而所謂兼容式思考，便是同時處理相反概念、滿足衝突目標的可能。學者研究各種創作領域裡的「創意」，發現富有創意的創作者，常常便具備兼容式思考的能力。同時思考、兼顧表面上衝突相反的狀況，導引思考者試著另闢蹊徑，看到意料之外的可能。

- **轉型到位的企業，多半有相對穩定的經營階層**

  變動的環境中，透過穩定的「領導中心」，帶領企業進行較長期的轉型布局，是許多迄今轉型較到位企業的共同點。除了領導者本身就是企業創辦人（如中國的蘇寧、日本的樂天、2018 年以前的美國星巴克等等）外，如迪士尼的執行長 Robert Allen Iger（2005 上任）、萊雅的 Jean-Paul Agon（2006）、Adobe 的 Shantanu Narayen

（2007）、星展銀行的古普塔（2009）、中國銀泰集團的陳曉東（2009），都是治理階層選定了合適的組織領導者後，就授予其完整的信任，讓他們能穩健地帶領企業，尋求長期的突破。

- **清楚理解外部顧問的用處與限制**

  傳統的企業轉型，非常仰賴外部顧問。而目前從不斷再合理化的角度看待數位轉型，則外部顧問的作用與限制，與過往有相當大的差異。企業領導者若清楚認知到數位轉型必須是由內部發動、必須走自己的路，那麼便較不會對於外部顧問所能扮演的角色（如**表 4-3** 所列），有太多不切實際的期待。

- **治理階層應培養 "DQ"**

  我們都知道 IQ 與 EQ。面對數位轉型，麥肯錫顧問公司曾根據其大量的顧問經驗，提出過 DQ（digital quotient）的說法，以詮釋數位轉型過程中，企業治理階層作為轉型助力而非阻力的條件。根據相關的詮釋，DQ 主要可由以下幾個面向共同衡量：

表 4-3　數位轉型過程中可藉助的外力與必需的內部作為

面向	外部顧問較易協助的範疇	有賴企業自身作為的項目
策略面	• 提供業界範例 • 企業檢視與轉型策略建議	• 數位轉型策略共識的形成 • 數位轉型策略的策畫與執行
組織面	• 轉型準備程度（readiness）評估 • 組織架構合理性評估 • 績效考核制度合理性評估	• 轉型策略的全組織溝通 • 人力資源存量評估 • 人力資源各環節的再合理化 • 組織架構的再合理化
行銷面	• 導入行銷科技的諮詢與服務 • 顧客經營再合理化評估與規畫	• 行銷數據分析＋創意的能耐累積 • 顧客洞見與提升顧客體驗的實踐
營運面	• 營運再合理化評估與規畫 • 營運骨幹升級諮詢與服務	• 規畫與執行營運骨幹升級 • 新舊「雙軌」的維護與整合
IT/資訊面	• 資訊架構合理性評估與規畫 • IT/資訊新技術導入諮詢與服務	• 掌握科技的變化與應用狀況 • 資訊架構的再合理化

數位轉型全攻略

- 董事會成員中，有人能理解、評估數位新局對於企業的各方面影響。
- 董事會在乎數位新局中的基礎環節，譬如數據資產與顧客體驗。
- 董事會更頻繁而深入地討論轉型策略與風險。
- 為數位轉型目的引入的新董事，熟悉企業文化並能發揮實質影響。

亞馬遜堅守「Day 1」文化

亞馬遜上市之後，創辦人貝佐斯每年都會隨著前一年年報的揭露而寫一封給股東的公開信，值得想要理解數位發展與傳統經營思維差異的經營者逐年細讀。貝佐斯在 2017 年給股東的公開信中，清楚說明了亞馬遜念茲在茲的創業文化 —— 他稱之為「Day 1 文化」。信中清楚地詮釋「Day 1 文化」所強調與避免的事情，同時討論到該文化對於亞馬遜組織決策的影響。這些，與本章所討論的人力資源、組織、領導，以及前一章探討需「補課」的數據與體驗修練，都有密切的關聯。

以下，是那封信中與此相關的段落意譯節錄：

我 20 多年前就提醒人們：我們要做「Day 1 公司」。在亞馬遜總部，我所在的辦公樓被命名為「Day 1」。當我從那棟樓搬到另外一棟樓後，又給新樓起了同樣的名字。這個命名來自於我始終念茲在茲的命題。「Day 2 公司」處於停滯不前的狀態，接著會變得無關緊要，然後會經歷痛苦的衰退，最終便迎來死亡。這就是為何我們矢志要維繫亞馬遜作為「Day 1 公司」的原因。

一家成熟的公司可能會處在衰退中長達幾十年而不自知，然而它最終會面對什麼樣的結果，卻是必然的。我最感興趣的問題是：我們是否能抵禦 Day 2 狀態？我們需要什麼樣的技術或戰術？你如何在大公司中保持 Day 1 公司那樣的活力？這些問題，都沒有簡單的答案。其中充斥著許多干擾因素，有著無數陷阱，當然要回答總也還是有不少路徑可選。我不知道這問題的完整答案，但我知道一點點答案。對於 Day 1 的捍衛者來說，會非常看重這些觀念：**客戶至上、抵制代理、擁抱外部趨勢、高速決策。**

　　當企業越來越大、越複雜，便容易出現以各種形式存在的「管理的代理」狀況。它危險、隱晦，是「Day 2 公司」的本質。

　　一個常見的例子，是以流程當作代理。好的流程有助於你服務顧客，但若一不小心，流程便會鳩佔鵲巢。這種事非常容易出現在大企業中。這時候你只管符合流程，不再顧念結果……這樣的發問永遠是必要的：**到底是我們擁有流程，還是流程擁有我們？**在「Day 2 公司」，你會發現答案是後者。

　　另外一個例子：市場調查與顧客問卷，也常鳩佔鵲巢地成了「顧客的代理」——尤其當你致力於創造、設計產品時。「Beta 測試顯示，55％的受測者對此項功能的設計滿意，高於上一次問卷的 47％」。這種資訊其實很難詮釋，而且容易產生不必要的

誤導。好的創造者與設計者深入理解顧客。他們耗費心力去建構理解顧客所需的直覺。他們研究並理解各式各樣的線索，而不僅只是去端詳問卷各項題目回收答案整理出來的平均值。

我並不反對 Beta 測試或顧客問卷。但是作為產品擁有者或服務擁有者的你，必須洞察顧客，秉持願景，打心底喜歡你提供的產品或服務。以此為主，然後 Beta 測試或顧客問卷可以替你發現一些盲點。良好的顧客體驗，出自熱忱、直觀、好奇、摸索、勇氣與品味。在一份問卷裡，你找不到這些體驗創造元素中的任何一項。

「Day 2 公司」會做出高品質的決策，但是這些決策的形成曠日廢時。要保有「Day 1」的活力與動能，你必須做出兼顧品質與速度的決策。這件事對於新創企業來說很容易，但對於大型企業則非常具挑戰性。Amazon 的管理團隊有決心維持快速的決策風格。速度對企業而言非常重要，而且一個快速決策的環境也比較有趣些。我們沒有所有的答案，但我們是這麼想的。

首先，絕對不要試圖倚賴一個固定的決策模式。許多決策其實是可逆轉、可進可退的。這類決策就應快速制定……

第二，多數的決策，應該在你大約已掌握 70%想掌握的資訊時就做出。如果等到已經掌握 9 成的資訊，通常也就晚了。而且無論掌握資訊量的多寡，你本來就應該有快速察覺與修正錯誤

決策的能力。如果你能快速修正錯誤，那麼犯錯這件事，其實沒有你想的那麼糟糕。如果想擁有盡可能多的資訊而造成決策的緩慢，代價反而可能更高。

第三，習慣「不同意但允諾」（disagree and commit），會省去很多時間。如果你深信某個方向是對的，但是團隊還未能達成共識，這時何妨說：「我知道我們還沒有共識。但你願意陪著我試它一回嗎？不同意但允諾，好嗎？」既然沒人能確實知道最後的結果，你這麼一說，就有可能依你所願快速決策。但這件事不該是單向的。如果你是老闆，你也該接受下屬這麼做。我就常「不同意但允諾」。最近亞馬遜要開拍一部片子，我告訴團隊這片子可能沒什麼意思，製作起來很複雜，商業條件也不好，而且還有許多其他的片子等著我們去拍。他們卻持相反的意見，想要開拍。我知道後就說：「我不同意但允諾，希望未來上市時，這部片子真的能大受歡迎」。想想看，如果這團隊需要苦苦說服我，等他們有足夠的說服資訊時，不知已經拖多久了。

在這個例子裡，我並不是覺得「他們錯了，但這件事反正不重要」。我和團隊間確實有明顯的意見歧異，但彼此都明確交換過各自的看法了，不如就給他們一個快速、真誠的綠燈，讓他們開拍吧。畢竟這是個得過 11 座艾美獎、6 座金球獎和 3 座奧斯卡金像獎的團隊。他們讓我一起參與討論，已經夠讓我開心了。

第四，及早發覺基本上的歧異，並且把問題凸顯出來，向上呈報。有時候團隊成員間會有極端不同的目標與觀點，無論多少討論、多少次會議都無法化解。如果不將這個基本歧異點凸顯出來讓大家都意識到，不斷的爭論只是耗費大家力氣，爭的只是誰撐得久而已。

CHAPTER 5

數位轉型的「外功」

轉型的
「外功」

顧客關係深化
顧客關係維持
顧客獲取

轉型的
「內功」

營運	組織結構	人力資源	IT 資訊
組織文化 + 領導			

轉型
的基礎

數據		創意

一道填空題

　　試試這個填空題：「任何企業都有兩個基本功能，而且也只有靠這兩個基本功能才可創造企業所希望的成果。這兩個功能是：＿＿＿＿＿和＿＿＿＿＿。」

　　這幾年，筆者常在針對企業人士開授的校內外課程中提出這道問題，請學員憑經驗和直覺提供答案。透過這樣的互動，幾年間回收到各式各樣的見解。給出答案的企業人士，都自信地闡述自身的豐富經驗與心得。每當這樣的百花齊放告一段落，揭示這個題目的「參考答案」時，課堂上便出現一陣譁然，夾雜若干學員的不服氣。接下來，整節課試著詮釋這「參考答案」的邏輯與內涵。課堂結束，有人聽懂了，也總有人無法認同。這譁然、不服氣乃至無法認同，一定程度起因於台灣過往經濟發展的脈絡中，多數企業人士對於「參考答案」相關指涉的僵固性認知。雞生蛋、蛋生雞，僵固的認知在過往形塑了台灣商業發展的格局，而今日則直接間接造就了企業在數位轉型過程中的若干限制。

　　前述題目的「參考答案」是：**「行銷」**和**「創新」**。

　　這題目和答案出自 20 世紀的管理經典，1956 年彼得・杜拉

克所出版的《*The Practice of Management*》[14] 一書。60 多年前，彼得・杜拉克集其豐富的顧問觀察，在這本經典裡如此斷言：

「因為企業的目的在於創造顧客，任何企業都有兩個、而且就只有這兩個基本功能：行銷和創新。行銷和創新創造企業所希望的成果，其他企業所營諸事，都是支援這兩個功能的成本項目。」[15]

杜拉克所提示，二戰之後已成為西方業界基本經營假設、近十年間也為中國互聯網界接枝、內化的經營觀，簡單來說，就是把企業經營的核心，放在顧客的經營上。企業談永續經營，自然把心力放在長時間經營、壯大顧客群這件事上。而顧客群的長期經營，到頭來便如杜拉克斬釘截鐵所定調的，倚靠行銷與創新。

數位轉型的目的，如前所述在於確保企業永續經營；而數位轉型的本質，因此是個以顧客的經營為核心，層層修練的不斷再

---

14 台灣譯為《彼得杜拉克的管理聖經》，遠流出版。

15 原文為："Because the purpose of business is to create a customer, the business enterprise has two—and only two—basic functions: marketing and innovation. Marketing and innovation produce results; all the rest are costs."

合理化歷程。在這樣的歷程中，除了前此所討論的「內功」之外，針對顧客經營之需，修練各種提升顧客直接感受的能力，因此能吸引新顧客、留存既有顧客的「外功」，其關鍵仍在杜拉克數十年前所談的「行銷」和「創新」。

但是這裡說的行銷，不是像許多人所理解的，「帶兩百罐藥到夜市裡吆喝一晚，誘拐唬騙地賣藥、收錢、走人」這類游擊式的江湖本事。這兒所謂的創新，也絕非只是連串腦力激盪或者敲鑼打鼓辦黑克松、創新大賽這類工夫。企業需要檢視卻經常輕忽的，是離開了熟門熟路、半瞇著眼都能靠著天時地利人和而四處插旗的母市場之後，自己到底有沒有在多變而陌生的戰場上，執行「正規作戰」的能力。

這裡所謂的正規作戰，指的是以長期的顧客經營為宗旨，遵循合理方法，透過清楚的概念從規畫到執行，按部就班地經營顧客群。沒有這樣的正規作戰養成與能力，在台灣尤其是直接經營消費市場的 B2C 企業，過去幾十年間嘗到的是明明花了很大資源，卻走不出母市場、品牌很難在國際上做出名堂的窘境；而在面對未來各種數位環境中的轉型挑戰，將更直接感受到嚴峻的生存壓力。

從這樣的角度出發，根據數據與創意修練基礎去經營顧客，數位轉型所需的「外功」其實有著非常清楚的邏輯。在選項繁

多、眾聲喧嘩的數位時代,企業數位轉型的「外功」施展前提,簡單地說,如**圖 5-1** 所示,在於「選擇什麼樣的價值主張」、「經營什麼樣的客群」、「如何讓自己在所選客群中站出來」這三個環環相扣的考量。

在快速變動的環境中,「外功」首先必須能讓所欲經營的顧客,感受得到深刻而凸顯的價值。例如全聯長期透過「全聯先生」訴求幫消費者省錢,歐珀(OPPO)推出 R9 手機時言簡意賅地訴求「充電五分鐘,通話兩小時」,漢堡王(Burger

圖 5-1　數位轉型「外功」的出發點

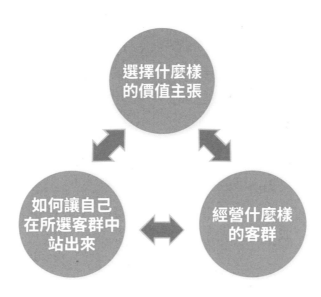

Nike 的「犧牲打」

　　Nike 以「Just Do It」作為品牌標語，到 2018 年已滿 30 週年。2018 年 9 月初，Nike 在美國推出了一系列以美式足球球星卡佩尼克（Colin Kaepernick）為主角的平面、電視廣告與線上影片，在美國無論線上線下，都引起了軒然大波。

　　一則溝通訊息之所以會引發廣大的爭議，是因為 2016 年卡佩尼克在舊金山 49 人隊擔當四分衛，開賽前全場依慣例高唱美國國歌之際，以單膝跪姿的方式，表達他對於當時有色人種常受警察執法歧視的抗議。由他所開啟的這種抗議模式，當時並受到其他一些美式足球球員的群起仿效。這樣的抗議方式，一方面受到自由派人士的推崇；但另一方面卻也受到包括美國總統川普在內，以白人為主的保守陣營大力撻伐，認為抗議之姿褻瀆了美國國歌與國旗。開啟並帶動此一抗議風潮的卡佩尼克，因此在 2017 與 2018 年球季中，找不到任何一個願意接納他的職業球隊。

　　就這樣，當卡佩尼克以主角之姿，於 2018 年 9 月初透過簡單的畫面代言 Nike，並且訴求「Believe in something. Even if it means sacrificing everything. Just Do It.」（就算犧牲所有，也要堅守信念。做就對了），馬上就激起美國衛道人士不滿，抗議

Nike 找了個「不愛國」的球員代言。這個爭議甚至立刻反應在當時的股票市場上，馬上讓 Nike 的股價下跌超過 3％。

Nike 這個看似自殺的「叛逆」之舉，其實是經過精確的市場動態掌握、透徹的客群探查與價值定位後，執行到位的溝通。幾天之後，華爾街的分析師也紛紛看懂了對於 Nike 而言，川普與作為其核心支持者的中西部藍領勞工，本就不是它的主要目標客群。長期以來，Nike 鎖定的是透過運動，挑戰自我並且彰顯自我的客群；而這群顧客，多數想法上趨向自由色彩、認同卡佩尼克的抗議之舉。因此，廣告一出攻訐聲四起，反而激化了 Nike 的核心目標客群對於該品牌的認同，中長期也可望提高 Nike 品牌的顧客忠誠度乃至於顧客價值。資本市場理解這個道理後，經過一波震盪，廣告推出後 3 週內便見到 Nike 股價反而創下歷史新高。

在 Youtube 上，同樣訴求，名為 Dream Crazy 的兩分鐘影片，則在上檔 5 天內吸引了 2,400 萬次的觀賞。到了上檔兩週後，觀看人次累積至 2,600 萬次，其中有 12 萬人給出讚評，1.9 萬則給出負評。

但是，2019 年美國大學籃球 NCAA 聯賽杜克大學與北卡大學之戰中，被多方認為會是未來 NBA 選秀狀元的杜克大學主力球員錫安‧威廉森（Zion Williamson），卻在球賽開打不久後

一次轉身動作時腳步打滑,所穿的 Nike PG 2.5 球鞋裂開,導致膝蓋遭受到一級扭傷。事件發生在這場各方矚目、連美國前總統歐巴馬都在場邊觀戰的球賽中,Nike 球鞋爆裂、球員受傷的畫面立即傳遍全球。

從 Nike 在半年內所發生的這兩起事件,我們很清楚看到,在訊息快速擴散的數位時代,品牌經營者必須掌握以下的道理:

- 對目標客群而言,鮮明、攸關而能激起共鳴的溝通,是最有意義的溝通。其意義不在短期內增加營收,而是顧客因認同而產生的長期貢獻增值。

- 市場始終是異質的,想去討好所有的潛在顧客因此是不可能的。對品牌而言的溝通要務,是清楚界定目標客群,傳遞符合品牌意義的訊息。如果品牌打算透過鮮明的立場來提升核心客群的向心力,只要符合社會常規,就不必太擔心冒犯到本來就不是目標客群的大眾。

- 無論溝通做得多麼到位,品質始終都是維繫品牌價值的必要條件,也是顧客體驗的核心。產品或服務如果在品質方面有所瑕疵,因為訊息無法掩蓋且會快速擴散,很容易就會抵消掉各種溝通努力的成果。品質第一,是數位時代與過往的共通點。

King）在美國不忌諱以「因為只有我們明火烤漢堡，所以我們的門店最常失火」訴求火烤特色等等例子，在意的都不是去討整個市場的歡喜，而是找到價值訴求與市場特定區隔間的配適，發力凸顯該配適，而後以該配適為原點，透過數據與創意的修練，在虛實環境中，針對顧客進行價值的創造、遞送與溝通。

因此，數位轉型的「外功」以價值選擇與顧客選擇為出發點；而實際的施展，則對焦於所選客群的經營，以及與客群中每個顧客間的關係。

5.2
巨觀的外功：整體客群的動態經營

顧客的經營，有巨觀跟微觀兩個切入角度。從巨觀角度看，對焦在整個客群的消長動態；從微觀角度看，則關注於個別顧客與企業間的變化關係。以下，我們便詳細討論這兩種角度的數位轉型「外功」。

著眼於客群消長，可以將顧客比喻成水，而顧客的經營乃至

企業的經營，就直接是一缸水的經營。在這樣的比喻下，企業經營的目標有二：水位與水溫。水位越高意味著顧客數目越多，水溫越高則意味著顧客交易越頻繁、關係越深、財務貢獻越大。

根據這兩個目標，數位轉型中的「外功」重點，如**圖 5-2** 所示，就在以下三件事：

- **引水入缸：引入新客**

  根據所設定的價值主張與差異定位，找到合適的潛在顧客；而後有效率地導引已鎖定的潛在顧客，接觸、嘗試，將其轉化為顧客。就水缸比喻而言，這便是引水入水缸的工夫。

  數位轉型的過程中，以引入新客為目的的創新與行銷，首重運用傳統與數位方式，提供對目標客群而言攸關的體驗。

  以車輛販售為例，傳統的車商展示間，常因空間的限制，只能擺出幾款熱銷車種，供潛在買家作臨場靜態的賞車。2012 年，Audi 首先在倫敦市中心 Mayfair，創設名為 Audi City 的虛實整合展示間，作為數位時代顧客體驗提供的先導實驗點。

  在這個展示間裡，透過互動數位牆、互動桌、平板

等設施，加以 VR 應用的輔助，造訪者可以體驗到 Audi
全系列各車款的客製可能。潛在車主在這展間裡，透過
在場服務人員的引導協助，有極大的彈性空間透過擬真
（包括引擎聲）的體驗，掌握傳統靜態賞車所無法感受
的車子各方面狀況。現場服務人員也可以隨時針對賞車
者有興趣的車款功能參數搭配，直接列印出介紹手冊或

圖 5-2　從客群動態看數位轉型的「外功」

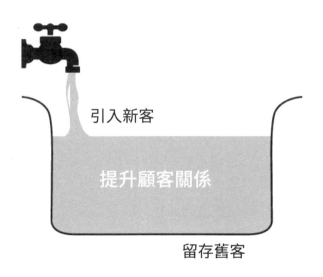

資料來源：此一客群經營的「水缸」比喻圖示，初見於黃俊堯《明天的
遊戲規則：運用數位槓桿，迎向市場新局》（先覺出版，2016）。

者以電子郵件的方式傳給賞車者。

　　過去幾年內，Audi 透過 Audi City 逐漸學習汽車零售虛實整合體驗的做法，並陸續在歐陸多個大城市開啟同樣的 Audi City 展示間。而在英國市場，Audi 宣告倫敦的 Audi City 已完成階段性任務，一方面閉店琢磨下一階段的展場再合理化，另一方面把幾年來從 Audi City 運作所獲得的操作經驗，拓展到全英國的其他展場。

- **管理滲漏：留存舊客**

　在競爭環境中，防止對企業有正面貢獻的顧客，受其他選擇的吸引而流失。就水缸比喻而言，這便是適當地管理水缸滲漏的工夫。

　　數位時代裡留存舊客的關鍵修練，聚焦於顧客所在乎的價值，而進行持續、多元、跨虛實的顧客溝通。拿全球最大視力醫療保健產品供應商愛爾康（Alcon，屬於諾華集團）為例，行銷團隊掌管各種線上影片，過往，這些影片在內容管理上的重點，是時時檢核以符合醫療監理規範；而就通路的布建而言，則散置於各種 YouTube 頻道中。在愛爾康修練符合時代的「外功」過程中，透過建置一個整合影片的平台，讓內容與通路兩方面的管理

比以往更加合理。而平台上匯聚與分析的數據，則讓行銷團隊能確切掌握到哪些影片段落是觀眾觀看時的「熱點」，從而讓後續影片的製作更能引起觀眾共鳴。

　　除了負責如線上影片這類數位行銷溝通之外，愛爾康的全球數位行銷團隊，也會協助其他部門擬定數位發展策略。在各種策略決定上，企業使命是藉由維護視力以促進生活品質的愛爾康，常需要拿捏的是：提供給（如眼科醫療單位）顧客的解決方案中，哪些環節應該透過數位化方式進行。針對這樣的決策需求，愛爾康在轉型過程中遵從「上市、學習、再進化」（launch, learn, pivot）的精實創業原則，先在小市場試行學習，再將具體經驗投射到大市場的經營。

• 加熱水溫：提升顧客關係

當顧客已經習慣與特定企業或品牌往來，也就是留存舊客的各項作為都完善之後，客群經營的「水位」一事大致妥貼，下一個挑戰便在於水缸裡的「水溫」提升 —— 也就是顧客與企業或品牌的關係強化；更明確地說，則是長期而言顧客對於企業或品牌財務貢獻的增加。在傳統的銷售脈絡裡，這方面的可能性包括了交叉銷售（cross-sell）、向上銷售（up-sell）、綑綁銷售等等。但如果看的不是偶爾一次的短期銷售數據上升，而是長期顧客關係的深化，那麼數位環境中「水溫」提升最可能的途徑，是**「生態圈」的經營**。

　　雄獅旅遊近年來在這方面，修練了不少有上述各層面意義的「外功」。以傳統旅行社起家的雄獅旅遊，隨著環境變遷，發展過程中有著 1990 年代「電腦化」、2000 年代「網路化」、2010 年代「行動化」的經營演化脈絡。早些年，雄獅一年花費數千萬元新台幣，在大型入口網站進行宣傳。經營階層後來意識到，即便透過這樣龐大的花費，「內容」和「社群」這兩個客群經營的關鍵利器，卻掌握在入口網站而非雄獅之手，得不到什麼客層累積的效果。因此，它在圍攏起大量客群後，便將原有的「旅遊」定位，擴大到它可以扮演關鍵節點的各種「生活」面向，開始修練「外功」，以新模式經營各分眾客群。

　　轉型之後的新模式，核心概念是透過攸關顧客體驗的虛實整合布局，將內容（content）、社群（community）與商業（commerce）等三項可簡稱作「3C」的環節扣在一塊。舉例而言，透過「欣傳媒」，雄獅目前自己經營涵蓋訊息、知識、活動、攻略、輕鬆話題等內容，透過網路頻道、粉絲團、Line 群

組等線上接觸點擴散，並且與社團、活動、行程等線下互動的體驗相結合，而達成「內容刺激活動參與、活動擴增內容豐富性」這樣的循環觸發效果。

另外，在台北經營的「永康人文空間」，一年舉辦三、四百場的講座，吸引不同興趣與愛好的既有客群與潛在客群。過程中，合理地經營分眾，譬如採收費終身制的「欣單車俱樂部」、針對攝影愛好者需求所提供的客製攝影旅遊服務、訴求「light and delighted learning」的「欣建築」輕學習社群等等。以「欣建築」來說，透過「追建築。輕旅行」粉絲頁與「欣建築」網站為線上發聲與社交平台，連結講座、走讀、海外建築專團、刊物代編等實體世界的互動，圍繞 3C 的「虛實整合、內容首要，社群先行、商務永續」概念。

而針對傳統的出團項目，雄獅旅遊則透過與科技廠商的合作，導入名為 Bubboe 的行動應用 App，功能區分團員與領隊兩方，提供數位化行程表、公告推播、語音導覽、地圖尋人等功能。團客可透過 App 接收語音導覽；領隊導遊則可透過地圖即時尋找團員、公告推播注意事項等等。

「外功」若有「內功」的堅實根柢，更相得益彰。在上述種種再合理化的顧客體驗提供背後，雄獅旅遊持續升級它的營運骨幹。作為台灣最早導入 ERP 系統的旅遊業者，幾年前雄獅開始

中國銀泰百貨透過數據練外功

　　1998 年創立的中國銀泰百貨（2017 年由阿里巴巴集團收購成為控股股東），CEO 陳曉東曾把銀泰當下的數位轉型，比喻為處於從「-1」到「0」的階段。這個零售再合理化的過程中，銀泰進行了組織的變革，首創中國百貨業設置技術長（CTO）之例。

　　藉由阿里的數據能力，銀泰基於淘寶帳號去經營數位會員，自然融入支付寶體系中。因此，目前銀泰環繞著會員，掌握了從顧客到店前的線上溝通、到店後的動線、交易支付等等傳統百貨業無法企及的完整數據。透過這些以會員為中心的數據，銀泰便能在線上與線下進行客製化的溝通、導購。

　　銀泰與阿里共同開發出「喵街」App，方便會員在到店前收到優惠訊息、到店時找車位、即時與客服線上互動、保存電子發票等等；甚至大玩如線上即時商品搶價拍賣等傳統百貨不會碰觸，但顧客有興趣的活動。而隨著阿里技術的串接，銀泰導入「雲 POS」，讓櫃員幫顧客結帳時不必再到結帳處排隊，而可

直接在櫃位上以行動裝置完成結帳程序。櫃員還可透過行動端傳遞商品與折扣訊息，讓不想到店的熟客直接線上下單收貨。而對於行動時代的比價困擾，銀泰則釜底抽薪地布局線上線下商品同款同價。

在這些轉型動作之後，銀泰對於攸關的顧客體驗提供，逐漸累積出信心，進一步推出需繳交 365 元年費的會員卡，持卡者享有消費折扣、專有停車位、爆品搶先購等權利。付費會員據稱已突破 100 萬。

至於商品管理方面，銀泰針對品牌供應商打通供應鏈環節，將自建的商品雲對接供應商的庫存系統，並把所有商品元素（如顏色、款式、型號、定價等細節）都數位化，以利商品進銷存方面的再合理化。透過這些努力，銀泰也就能夠讓採購人員參考各項數據後，進行更精準的採購。

隨著這種種在中國百貨業中領跑的數位轉型動作，銀泰根據其在線上線下打造出的數據與顧客體驗能耐，已經可以將其數位零售經營能力，當作一套操作系統般輸出（如西安的開元商城），進行所謂「規模化部署」。

建置其所謂「ERP 2.0」系統，逐步往整合集團商業流程管理的方向前進。在這個過程中，已局部打通旅遊元件需求規畫與產品生產、行銷、財務管理間的連結，將成本估價、產品定價、產品上架、控團、供應商款項支付等環節都進行數位化。

5.3

微觀的外功：個別顧客的關係經營

如果我們對焦在企業所要經營的個別顧客身上，從微觀的角度看數位時代的顧客經營，那麼便可以依照**圖 5-3** 所示的架構，一層一層討論個別顧客的經營過程 [16]。圖 5-3 從個別顧客的角度出發，有縱橫兩個軸線。縱軸，關係到該顧客覺得和這個企業或品牌往來的難度有多高；越往上，代表顧客所認知的難度越低。橫軸，則代表顧客與這個企業或品牌往來的動機；越往右，代表顧客的往來動機越強。圖中由左上到右下的曲線，代表著一個關

---

[16] 這個圖的結構以及環繞該圖的詮釋，概念發源並修改自史丹佛大學 B. J. Fogg 博士的 "BJ Fogg's Behavior Model".
詳 https://www.behaviormodel.org/.

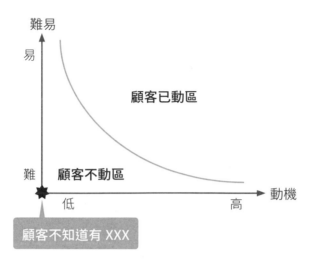

圖 5-3　顧客處在「完全沒聽過」的狀況

難易

易

顧客已動區

難　顧客不動區

低　　　　　　　　高　　動機

顧客不知道有 XXX

鍵門檻：在這個門檻的左下方區域，代表這名潛在顧客的動機強度，還不足以突破嘗試交易所會遭遇的困難（譬如價錢太貴、等待時間太久、距離太遠、操作太繁瑣、無法理解怎麼用等可能性）。而在這條門檻曲線的右上方區域，則代表這名潛在顧客已經成功轉化為顧客，有過至少一次的交易經驗。

1. 由陌生而知曉

　　一個完全沒聽過某個品牌或企業的潛在顧客，就處在圖 5-3

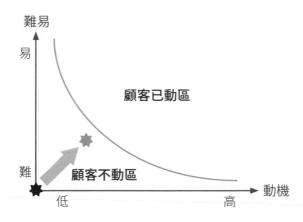

圖 5-4　顧客知曉，但尚未有過交易

座標的原點上。如果抱持長期經營觀要來經營這樣的潛在顧客，很難一步登天把顧客從完全陌生立即變成願意交易，因此常需分解動作。拆解出來的第一步，是透過各種方式，把潛在顧客如**圖 5-4** 所示，從「不知道」往右上方帶到「知道」，也就是促成潛在顧客「知曉」的功夫。而這裡所謂的各種方式，在數位時代裡基本上主要環繞著「推」、「拉」、「傳」、「動」、「釋」（表 5-1）等幾種溝通的方法[17]。

---

[17] 詳細說明與釋例，請見黃俊堯《看懂，然後知輕重：「互聯網＋」的 10 堂必修課》（先覺出版，2015）中的「第四堂課」內容。

針對已經「知曉」的顧客，接下來自然便是導引其跨過門檻，由潛在顧客轉化為有交易經驗的顧客。這個時候，企業或品牌一方面仍然需要前述「推」、「拉」、「傳」、「動」、「釋」等功夫持續地進行溝通，另外一方面則必須有對於這樣的潛在顧客而言，合理的價值設計與遞送機制。這兩方面加起來，企圖藉由對顧客而言攸關體驗的提供，協助顧客跨過交易的門檻。就操作的可能而言，這個階段又分為「放低門檻」與「搧風點火」兩種可能。

表 5-1　企業對顧客 推、拉、傳、動、釋的數位外功

外功	代表性溝通工具	溝通性質	主要用處	主要限制
推	展示型廣告	面對溝通對象，在猜測其對於溝通訊息有興趣的前提下，將訊息推送給有若干特徵、數目較眾的接收者，以進行告知	快速、大規模的訊息告知	可能產生使用者不喜歡的干擾
拉	關鍵字廣告與SEO	運用收關訊息，吸引自我展露特殊需求的線上資訊搜尋者點擊，「拉動」至自有媒體以進行後續的說服	針對由關鍵字展露特定興趣者，聚焦引流	某些情境無適當足量的關鍵字組，可供引流之用
傳	社交媒體	訴諸社群網絡（如Facebook, Twitter, 微博等）效果，造成訊息擴散	透過社群，發揮一傳十、十傳百的溝通槓桿作用	若訊息內容無法引起共鳴，則訊息將無法傳動
動	行動行銷	即時、即地、收關的訊息傳遞，包括虛實整合的溝通企圖	發揮即時、即地的溝通可能性	零碎時間、小螢幕溝通，因此訊息必須簡單化
釋	官網、部落格、自有App等	官方訊息的完整、深入、權威溝通	透過不同的訊息格式與內容，進行深入、詳細、權威性的說服	無法僅靠此部分吸引新客；以其他溝通動作的導流為前提

透過行銷科技
提升「外功」的效率[18]

　　本書不斷強調數位轉型過程中，「效能」比「效率」更為關鍵。但無論轉型的「內功」還是「外功」，如果相信企業已經在做「對的事」，當然便值得考量如何透過各種技術來提升效率。

　　我們正在討論的「外功」，在行動場景已成商業上的新現實、用戶對於數位互動體驗有著比以往更高的期待、以及企業要求行銷的投資報酬率更加透明化等趨勢之下，數位顧問公司顧能（Gartner）近期提醒數位行銷者，注意包括行動行銷數據分析（mobile marketing analytics）、多接觸點行銷成果歸因（multitouch attribution）、跨裝置身分辨識（cross-device identification）、預測型數據分析（predictive analytics）、人工智慧（artificial intelligence）、顧客數據平台（customer data platform）等新型態的行銷應用。這些應用，近年被統稱為行銷科技（marketing technology, MarTech）。所謂的行銷科技，泛指透過科技手段來輔助行銷、提升效率的種種應用。

---

[18] 本部分改寫自黃俊堯《數位行銷》（雙葉書廊出版，2019）中的 12.1.1。

就應用範疇而言，MarTech 最主要的領域包含以下幾個部分：

- **廣告技術**
  （Advertising Technology, AdvTech）
  以提升廣告效率為目標，包括程式化媒體購買、新媒體廣告管理等等。而廣告技術主要關切的層面，則涵蓋最適媒體露出、溝通訊息內容最適化、成果管控等方面。

- **內容與客戶體驗管理**
  （Content and Experience Management）
  以提供客製化、個人化的體驗為目標，涵蓋內容行銷、電子郵件行銷、自動化內容媒合與投放等等。

- **社群與顧客關係管理**
  （Social and Customer Relationship Management）
  以提升顧客忠誠度為目標，涵蓋社群網站行銷、顧客關係管理、社群顧客關係管理、顧客忠誠系統管理等，透過蒐集顧客數據，致力長期顧客管理最適化的企圖。以業界熟悉的顧客關係管理「IDIC」流程來說，行銷科技

協助提升（1）確認（Identify）個別顧客是誰、該顧客有多重要；（2）區隔（Differentiate）不同需求與價值的顧客；（3）透過互動（Interact）增進關係並加深對顧客的理解；以及（4）針對不同需求客製（Customize）服務等方面。

- **銷售與通路管理**
  （Sales and Channel Management）
  以提高銷售與通路效率為目標，涵蓋銷售自動化、電子商務行銷、代理商行銷、線下零售行銷等科技應用。以銷售自動化而言，可以透過名單中潛在顧客的行為（譬如造訪了哪些網頁或參加了某一研討會等）數據，定義最適的接觸時間、溝通內容乃至人員拜訪排程。

- **數據管理**
  （Data Management）
  此部分聚焦於數據的解決方案，主要細分領域包括客戶數據平台（customer data platform, CDP），實時顧客數據管理平台（data management platform，DMP）、顧客行為數據分析、行銷數據分析等。

2.「放低門檻」以促成首度交易

所謂「放低門檻」，如圖 5-5 所示，重點在降低顧客對「與目標企業或品牌往來」所感知的難度，排除不必要的障礙，縮短顧客與目標企業或品牌間的心理距離。作法上，則包括免費試用、具體解決痛點、降低財務負擔、攸關的溝通、到位方便的體驗設計等等可能。

舉例而言，在機車普及率非常高的臺灣，早年一般城市中住在公寓、大樓的消費者，就算心存環保意識，對於電動機車多有

圖 5-5 放低門檻以促成交易

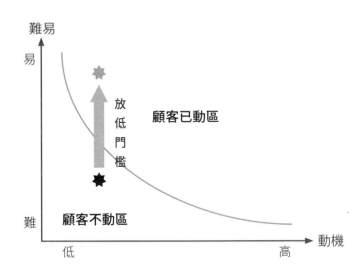

數位轉型全攻略

充電麻煩的顧忌，因此裹足不前。此時，Gogoro 創新地以插換電池、廣設換電池站的方式，降低了城市居民採用電動機車的障礙。經過幾年時間，Gogoro 能在台灣市場立穩腳跟、開枝散葉，就是因為它的價值設計與遞送，提供了台灣市場一項攸關的體驗。

全球最大資產管理公司黑石（BlackRock），以金融機構與財務專家為目標客群。就有意義的「放低門檻」而言，黑石以 Linkedin 為溝通平台，透過攸關、專業的內容，持續與目標客群溝通；一面深化黑石品牌在資產管理領域的權威形象，一面降低潛在顧客的心理門檻。藉由 Linkedin 所提供的興趣、所得水準、教育背景等方面資料，建構起目標溝通對象的立體圖像。因此在精確的對焦溝通下，主要透過 LinkedIn 上的贊助內容（sponsored content）機制，黑石這個 B2B 金融領域的行銷者，花了數年的功夫經營出超過 20 萬、由專業人士所組成的 LinkedIn 追隨者。

3.「搧風點火」以促成首度交易

至於「搧風點火」，重點則在於透過攸關的誘因提供，提高潛在顧客的交易動機。實際做法，則包括提供稀缺的攸關體驗、

訴諸好奇心、提供優惠、適時適地提醒、透過社群感染擴散等等可能。

以台灣競爭激烈的信用卡市場為例,各發卡行近年合縱連橫地推出各種異業聯名、合作卡,多主打讓卡戶「有感覺」的折扣優惠。近期玉山銀行與網路家庭(Pchome)合作,推出強調在便利超商、超市乃至繳交水電費等情境,都有高比例回饋的「Pi拍錢包信用卡」。此一產品內建的高比例回饋,直接以價格誘因「搧風點火」,提高辦卡動機。而額外的「搧風點火」作為,則是訴求玉山既有卡戶線上申辦新卡,可在數小時內就核卡;而無

圖 5-6 「搧風點火」以促成交易

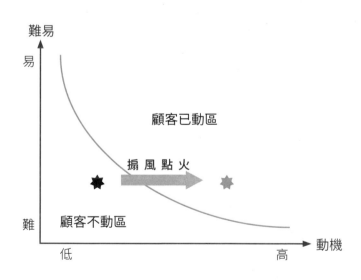

數位轉型全攻略

論是玉山的新舊卡戶，辦卡後只要收到新卡的核卡簡訊，不用等到收取實體信用卡，就可以簡訊中顯示的新卡卡號綁定行動APP，於線上線下開始消費，獲得刷卡回饋優惠。環繞著這張信用卡的另一項「搧風點火」，則是訴諸社群的擴散力，透過揪團與推薦相關的回饋機制，讓火燒得更旺。

4. 由生客到熟客：持續放低門檻、搧風點火

無論靠著「放低門檻」還是「搧風點火」，把潛在顧客導引成實際顧客，僅僅只是成功的第一步；然而在第　次的交易經驗後，能不能持續往來，不被競爭者吸引而離去，甚至能建立更深化的關係，則有賴留存舊客與強化關係的工作。針對單一顧客的持續經營，倚靠的仍然是與顧客攸關的不斷「放低門檻」與「搧風點火」。這個鼓勵個別顧客由生客到熟客的過程，在數位環境中，便如**圖 5-7** 所示，由首次使用、習慣使用，而最終驅動到顧客願意在企業所經營或參與的生態圈中跨界使用。

數位環境提供了許多新的可能性，有助於企業推進這種「由生而熟，由窄而廣」的個別顧客關係深化過程。如本書先前所述，以「不斷再合理化顧客體驗」為目的的數據與創意修練，是各種行銷企圖得以奏效的基礎。以下，讓我們來看幾個例子。

圖 5-7 由生客到熟客的過程

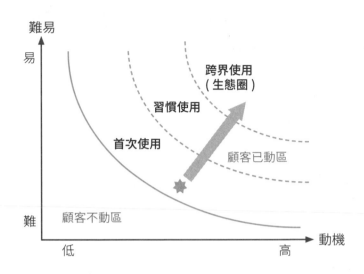

■ 星巴克提升顧客體驗與後台效率的數位應用

就透過長期累積的數據能耐經營顧客群、驅動轉型這件事來說，美國星巴克可說是實體原生零售業者的代表。星巴克藉由持續精進的數據能力，所打造的虛實整合體驗，在美國已經造就超過 1 成訂單來自其手機 App、超過三分之一的訂單由其 App 支付的成績。

應對 2 萬 8,000 家門店、每週接待 1 億人次顧客，美國星巴克很清楚來自科技與數據，在提供顧客體驗上所應該扮演的角

色。因為門店裡並沒有技術專家，所以星巴克必須藉由雲端，根據長年累積的客服經驗和數據，完成絕大多數「預先除障」的工作。而後，串聯實體與數位端，提供完整的顧客體驗。顧客接觸得到的服務「前場」體驗，包括到店前以星巴克修練多年才得正果的 Order and Pay 行動 App 完成點餐與付款、入店後的快速取餐、全美網速最快的店內免費 Wifi、維持關係溫度的數位化 Starbucks Rewards 忠誠獎勵計畫，以及咖啡 know-how 分享的 Digital Coffee Passport。

而支應這些「前場」體驗、與這些服務環環相扣的，則有咖啡師所使用的數位訂單管理工具（Digital Order Manager）。這個工具讓咖啡師可以透過平板電腦追蹤、管理顧客端的行動下單；此外，這個工具也與顧客的點餐與付款 App 連結。一旦咖啡準備好，顧客就能透過 App 得到通知，不必再像以前一樣杵在櫃檯邊候餐。同時，後台會透過 Starbucks Production Controller 等機制的開發，串聯智慧化庫存進補貨，讓門市服務人員有更多的時間，提供實體世界裡有溫度的服務。

■ 資生堂「放低門檻」、「搧風點火」左右開弓

全球美妝品牌的激烈競爭中，各大知名品牌企業，近年紛紛針對數位環境中的各種新可能性，嘗試許多帶有「放低門檻」與

「搧風點火」意味的行銷與創新。

以百年品牌資生堂為例，近年連續收購行動應用和人工智慧領域中的多家新創企業。以此為基礎，在「美」的主題下，推出系列數位應用。例如在日本市場提供一款以圖片辨識分析女性個人膚質，結合用戶月經週期、情緒、環境溫濕度等數據，而進行個人化護膚諮詢推薦服務的 Optune 行動應用（對於顧客個別需求「搧風點火」）。

同時，針對女性視訊前展現無暇妝容的需求，提供一打開視訊就有美肌上妝效果的 TeleBeauty 應用（將顧客與品牌發生關係一事「降低門檻」）。

針對美國的女性顧客，資生堂也推出一款行動應用，用戶使用該 App 掃描額頭、手腕與臉頰皮膚後，便得到資生堂的 MatchCo 技術所提供的分析，據以客製出最適合該客戶的粉底液配方，從而讓用戶可以以 49 美元的價格直接下單（對於顧客的護膚需求「搧風點火」）。針對年輕女性，2017 年則在日本推出以電商為主要通路的平價品牌 Recipist（將顧客與品牌發生關係一事「降低門檻」）。

美妝大廠萊雅近年也在全球進行一系列再合理化數位轉型。顧客只要到應用程式平台搜尋，就可以找到一系列由萊雅開發出的行動應用，從消費端的健康塑身、護膚指南、髮型髮色諮詢、

社交美妝等，到業者端的髮廊設計師參考資訊、萊雅員工手冊、品牌銷售業務指南等，堪稱五花八門。萊雅藉由行動端與時代接軌，提供圍繞其核心業務的攸關體驗，為用戶放低門檻，刺激用戶與萊雅往來的動機。而在中國，則接軌當地市場的直播風潮，幾年間由巨星鞏俐、Angelababy 到網紅 PAPI 醬所進行的直播、送禮、送紅包，以非傳統的方式，擴大並加深了這個外來企業旗下品牌對中國消費者的攸關性。

相對的，在這個美妝業持續再合理化、修練「外功」的浪潮中，傳統上以直銷方式、透過「雅芳小姐」傳遞與溝通價值的雅芳，在商業模式的轉型上，因為直銷的核心而進退失據。而即便不改變原有直銷模式，它在運用數位科技、透過線上社交，以協助傳統銷售人員跟上數位溝通潮流這件事上，相對地也開展得較慢些。

■ 日本樂天的生態圈經營

日本樂天集團跨足電商、金融、旅遊、職業運動等面向消費者的領域，2018 年進一步跨足無線通訊服務，與日本市場上經營已久的 NTT Docomo、KDDI、軟體銀行等電信商競爭。雖然市場上質疑樂天加入行動通訊競爭，在可預見的未來只能扮演市場上「老四」地位，但是樂天之所以這麼做，其策略脈絡，本就

不打算在電信服務領域爭霸，而是以各種服務圍繞著多年下來經營起來的龐大客群，藉由服務的廣度，提升樂天與顧客間的關係深度，長時間創造更高的顧客終身價值。

■ Google 以太陽能計畫深化顧客關係

近年在鼓勵替代能源的環保意識下，Google 運用它各種服務所積累的龐大數據，在美國開啟了一項名為 Google Solar Project 的計畫，協助美國家戶在自家屋頂裝設太陽能發電系統。早先，雖然民眾都知道有太陽能發電這個選項（所以就這件事而言是處在圖 5-5 和 5-6 中 ✿ 的位置），但許多家戶之所以沒採用，一方面是因為不知道怎樣開始（心理上覺得困難），另一方面則是不知道有什麼具體好處（因此缺乏足夠的動機）。在 Google 的計畫中，美國民眾只要進入計畫網頁，輸入自家地址與每月繳交的電費數據，Google 就會藉由 Google Earth 的詳細地圖與衛星影像數據，產生家屋的 3D 模型，再透過當地的歷史日照數據資料，並將家屋周邊如路樹、鄰居房屋產生的遮蔭等因素納入考量後，具體量測出該家屋可裝設太陽板的面積，並計算一旦裝設太陽能發電系統，去除裝設成本後長期間所能省下的電費（「搧風點火」）。網站還詳細提供了安裝設施的注意事項、選擇供應商的評估要件、花費時間等等攸關的資訊（「放低門檻」）。

在這個例子中，Google 憑藉它的數據能耐，設計出攸關的線上體驗，在鼓勵裝設太陽能發電設施這件事情上，一方面降低使用者認知上的困難，另一方面透過計算出可節省電費而提高實際採用的動機。有趣的是，在此一計畫中，Google 倒沒有推薦任何特別的太陽能設施供應商 —— 有興趣的民眾根據前面提及的豐富資訊，應該能夠自己從 Google 中搜尋到合意的廠商。

Adobe「內外兼修」的數位轉型

迄今我們依序討論了數位轉型「內功」與「外功」的各種修練面向。如果要舉一個「內外兼修」的企業數位轉型案例,那麼軟體大廠 Adobe 應該相對合適。

Adobe 誕生於 1983 年,以協助用戶製作內容的影像處理軟體 PhotoShop、圖案設計軟體 Illustrator、排版軟體 Indesign、特效軟體 After Effect 等軟體聞名。根據顧能公司的統計,Adobe 在數位內容製作軟體市場上的占有率超過五成,占據著絕對性的領導地位。

從「製作內容協助者」轉型「完整解決方案提供者」

現任總裁尚塔・那雷揚(Shantanu Narayen)於 2007 年上任,2009 年,他說服董事會,收購以網站流量監測服務見長的 Omniture,隨之於 Adobe 傳統上擅長的內容製作軟體之外,開始經營與數位行銷密切相關的內容分發軟體項目。這可以說是替 Adobe 在數位時代裡的轉型,埋下了關鍵伏筆。此後幾年內,Adobe 又陸續併購了網路內容管理軟體公司 Day Software,數位數據管理軟體公司 Demdex,線上影片管理軟體

公司 Auditude，與社群與搜尋行銷服務商 Efficient Frontier。面對 HTML5 取代 Flash 的趨勢，Adobe 再於 2018 年以 47.5 億美元收購專注於行銷雲的 Marketo。

Adobe 近年的數位轉型，主要有兩條軸線。其一，是結合幾十年間基本上自行開發的內容製作軟體群（現在發展為 Creative Cloud 產品線），以及過往十年內陸續併購下取得的數位行銷各環節應用軟體群（現在發展為 Experience Cloud 產品線），從過去「協助用戶製作內容」的定位，擴展成為「協助用戶製作內容」以及「協助用戶分發內容」這兩個首尾相應的面向。因為這兩個面向加起來，涵蓋了行銷者在數位時代，從內容製作到分眾投放的整個過程，因此現在的 Adobe 便成為「數位行銷完整解決方案的提供者」。Adobe 目前設置了一個面向全世界企業行銷長的網站 CMO.com，其背景就是這裡所提到的定位轉變。

雲端化與訂閱制模式變革

Adobe 數位轉型的第二條軸線，是幾年前它先於不少軟體商而採行的雲端化、訂閱制經營模式。2012 年，Adobe 整合內容製作生產軟體群，推出雲端化的 Creative Cloud（CC），從過去的盒裝軟體販售，改為以繳付年費或月費的訂閱制。2013 年，更破釜沉舟地宣布未來任何創意軟體的更新，都只經由 CC

雲端訂購服務來提供，藉此全面往雲端化邁進。雖然雲端化頭一年，Adobe 營收減少了約 7 億美元，而且當時還接到大量顧客抱怨與抗拒，但華爾街卻透過股價，給了 Adobe 的轉型實質鼓勵——往後 6 年間，Adobe 股價成長了約 6 倍。

如果從「不斷再合理化」的角度來理解 Adobe 的雲端化、訂閱制模式變革，那麼它的相對成功，主要有以下幾個與數位環境環環相扣的原因：

- **支援多屏環境的顧客體驗**

  當用戶除了電腦，也已經開始習慣在平板乃至手機上工作之際，傳統上一片片光碟插入電腦才能安裝、只有在電腦上使用的模式，已經不再合理。透過可在各種螢幕介面上操作的雲端化軟體服務，才能提供攸關的體驗。而這樣的攸關體驗提供，不啻是前述「搧風點火」意義的「外功」呈現。

- **降低新顧客採用門檻**

  傳統商用套裝軟體的購置，因為屬於買斷性質，因而所費不貲。透過訂閱制的定期付款方式，Adobe 事實上對於中小型企業客戶，施展了「降低採用門檻」的「外

功」，提高了這些客戶的採用可能。

- **穩定現金流**

如果雲端軟體服務的體驗夠到位的話，多數顧客自然樂意按期繳費使用。從財務管理的角度來說，這種情況下採行訂閱制，比過往賣盒裝軟體、一兩年更新一次的狀況，可以有更為穩定而相對可預期的現金流。

- **透過雲端化更深入理解顧客，從而提供加值服務**

過往套裝軟體的時代，軟體商對於用戶購買後如何使用，掌握其實非常有限。雲端化之後，軟體商可以具體掌握用戶的產品使用狀況，取得過往難以想像的深入顧客洞察。也因此，可以直接在線上提供攸關的加值服務。也就是說，Adobe 藉由雲端化的完善，深化累積數據能耐，再透過這些能耐，創造新價值給顧客。

啟動全員投入的「顧客沉浸計畫」

隨著雲端化運作的成熟，近年 Adobe 技術端的發展重點在於人工智慧的應用。雲端化訂閱制的轉型成功之後，Adobe 即

推行 Sensei 服務，讓用戶可以透過該服務的人工智慧，針對內容生產與投放的各種情境，加以整合與優化。

　　組織成員的投入也是 Adobe 在定位與模式上轉型的關鍵。為了支持轉型所需提供的攸關數位體驗，Adobe 啟動了全員強化理解顧客的「顧客沉浸計畫」（Customer Immersion Programme，CIP），高階主管幾乎全數參與，被安排直接處理顧客的線上詢問。隨後，計畫拓展為員工全員參與、協助員工理解顧客體驗的 Customer Learning Experience 計畫；其中一個項目叫做 Experience-a-Thon，由員工使用開發中的產品，藉此從用戶的角度提供回饋意見，以助 Adobe 優化顧客體驗。

CHAPTER 6

結語

耐心與膽識

　　本書花費了相當的篇幅，逐次討論了數位轉型的基礎修練、應該具備的「內功」，以及「外功」施展的合理脈絡。這些轉型相關的環節，實踐與累積都需要時間。從資本端到經營者的耐心，因此是數位轉型中打馬步、練內功、施展外功時都不可或缺的必要條件。

　　以本書所舉的 Adobe 與 Best Buy 兩家企業為例，如**圖 6-1**與**圖 6-2**所示，轉型的過程中都曾出現因為成本增加、模式改變中的業績遲滯等因素，使得如營業利潤率與股東權益報酬率等關鍵財務指標，經過一個為時 3 ～ 5 年，由衰退而復甦的 U 形歷程。數位轉型的過程中，若要務實地奠定未來發展的基礎，難免會有一段時間傷筋動骨的「痛」，這是常見且自然的。從數據能耐的積累到整個企業的轉型，沒有個幾年看不到財務上具體成果的修練耐心，很多時候就難以成事。

　　以往的企業轉型，以建置 ERP 系統為例，通常是經營者意識到有其必要，組成專案團隊，幾番搜尋後，確立了外部顧問、系統提供廠商、建置時程、涵蓋範疇、人員與預算編列等等項

圖 6-1　Adobe 數位轉型歷程的財務指標變化

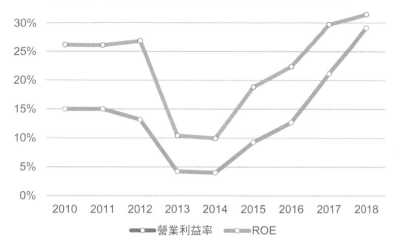

數據來源：https://www.macrotrends.net；每年 11/30 的數據。

圖 6-2　Best Buy 數位轉型歷程的財務指標變化

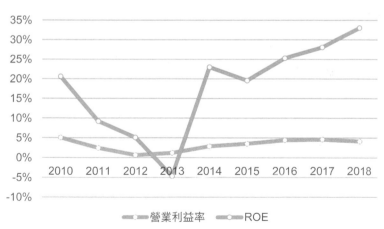

數據來源：https://www.macrotrends.net；每年 10/31 的數據。

目，而後大致按表操課，但也不免有各項半推半就依照規畫，循序從系統供應商導入一套略經客製化的系統。接下來，開啟相關人員的教育訓練；經過各種磨合與妥協，從「沒有 ERP」的狀態轉型為「有 ERP」狀態，然後驗收結案。各行各業過往的各色「轉型」，大致都是這樣的脈絡。

但是，這次不一樣。**數位轉型沒有「最適解」，外界顧問能扮演的角色有限。**數位轉型是個一邊應對環境快速變遷，一邊需要整個組織長期調整、修練、補課的過程。各行各業的數位轉型，都在「現在進行式」的階段。在這個階段，媒體報導各種企業轉型現象，全球大型顧問業者倚靠現象而集結若干案例，整合初步的概念架構。至於管理學術界，因為幾十年間的主流實證導向，自成一個生態，需要「硬證據」才有辦法進行發表。因此學界在數位轉型這一局裡的角色，比起以往似乎更顯尷尬。因為環境動態變遷快速，也因為各企業的條件與限制各異，所以一方面不可能有「最適解」、「完整解決方案」，另一方面外界顧問也因此難以扮演如過往各浪潮中企業轉型的「發動機」角色。**轉型這座山得靠企業自己賣力爬，外界顧問充其量僅能權充「登山杖」。**

其次，**就算是同業間想彼此借鏡參考，也不存在著顛撲不破的典範。**雖然媒體報導乃至本書中，都看得到方向各異的轉型案

例，但是對於企業而言，看這些案例都難免隨帶一個疑問：我知道同行 A 企業做了些什麼，我知道 B 企業正在做什麼，我甚至也知道 C 企業打算做什麼；但是，他們做這些事情，是「真」還是「假」？會「成」不會「成」？做得「對」不「對」？這些問號，需要時間才真有辦法「蓋棺論定」。而由於企業文化、發展背景、資源條件與限制、股東結構、經營群的世代階段等等因素，就算 A 企業做了某項「對」的事，這事也未必能直接套用到同行其他企業上。

因為這些因素，經營者面對數位轉型，尚且須具備足夠的膽識。經營者自己若沒看懂數位這局，談數位轉型想要套公式、求 Turnkey Solution，長時間要讓企業能有適應新環境的實質轉變，無異於緣木求魚。相對的，如果看懂了數位之局，務實不務虛，念茲在茲於面向顧客的長期修練與累積，那麼就必然能在組織既有的條件與限制下，「走一條自己的路」。從這個角度說，「不斷再合理化」的實踐，便需要有「敢和別人不一樣」、「打造一番新局」的膽識。

如果把本書中曾討論過的企業數位轉型課題換個角度歸納一下，那麼「不斷再合理化」的過程中，如**表 6-1** 所整理的，會碰到各種現實的「包袱」。企業數位轉型，很大程度上便指向去除這些包袱的種種企圖。

表 6-1　企業數位轉型的「包袱」

	關鍵問題	再合理化之方
來自硬體的「包袱」	既有的硬體建置，局限了數據能量的累積	• 針對數位轉型的宗旨，進行有累積長期數據能耐意義的硬體更新或建置
來自軟體的「包袱」	既有的 IT／軟體架構，無法因應支援轉型所需的速度、深度與廣度	• 盤點既有架構，繼而合理化資訊架構 • 合理化過程中以雙軌、雙速度因應長期與短期需求
來自模式／流程的「包袱」	既有的模式／流程，成為阻礙企業各功能轉型的障礙	• 依照經營者的策略視野重設、應變 • 在新軟硬體建置過程中緊扣模式／流程的再合理化
來自夥伴的「包袱」	既有的合作夥伴，對於數位新局中的價值創造配合，沒有足夠的能耐、認識或決心	• 以己身的數據能耐修練作為示範，影響合作夥伴的轉型意願與決心 • 透過己身的數據能耐，擴大「合作夥伴」的定義
來自顧客的「包袱」	既有顧客覺得「現狀就很好」，不想要被改變	• 透過更加滿足顧客潛在需求的體驗設計，導引顧客接受改變 • 以「雙軌」或「多軌」經營既有與未來的客群
來自員工的「包袱」	既有員工缺乏轉型所需的認識與決心	• 經營者清楚溝通願景與方向 • 由點而線再擴及面的轉變與影響 • 合乎組織文化與企業倫理的人事新陳代謝
來自經營者的「包袱」	企業經營者缺乏轉型所需的認識與決心	• 基本上無解。受市場「再合理化」的動態而支解

數位轉型全攻略

去除「包袱」之道？本書中討論了種種可資運用的概念；但具體的實踐上，不可或缺的是經營者的耐心與膽識。

6.2
回歸「常識」

不同背景的經營者面臨數位轉型，經過各種溝通討論之後，常會提出以下三個問題。

問題 1：「非得走數位轉型的路嗎？」

一名沉潛修練得絕技的藝匠、一家箇中滋味讓人難忘的餐坊、一個幾十年琢磨不起眼工夫但卻是顧客不可或缺原料組件的供應廠，它們在市場中所能提供的獨特、稀缺價值，是顧客買單的原因。如果這類獨特、稀缺價值真能長久維持不受取代，那麼通電觸網、接軌數位，其實便不那麼重要。日劇當紅的一線女星新垣結衣、北川景子等等，多年來不大去碰線上社交平台，也無

礙她們的演藝事業。電視上天天見，觀眾們覺得熟悉、看著順眼，也就夠了。即便在數位時代，也不是只有把所有數位工具都張羅齊備、奮力線上套交情扮網紅這條路。但市場上多數屬於由顧客看來其實「和同行差不多」、「找別家也差別不大」的企業，於競爭者在數位環境中不斷再合理化之際，若真還想持續在市場中生存，就沒有不急起轉型的道理了。

問題 2 ：「不用講那麼多大道理，具體告訴我該怎麼做就好。」

辛苦拚搏多年、正值接班換代之際的中小企業主，在資源相對稀缺、精力相對有限的情境下，面對數位轉型的壓力，時有這人情之常的反應。但是數位轉型這件事，如本書一系列的討論，從「怎麼看」、「怎麼定位」、「往哪兒走」一類的策略思考，到實際上該採取什麼模式怎麼走，練什麼樣的內功與外功，都是必要的腦力活，而且是數位轉型的主軸線。如果沒能理解到數位變局的本質，而寄望將既有經營方式與機運複製到未來，過程中只想接枝些數位應用，求個不落伍就好，長期來說很難「轉」得順。在過去相對平穩、線性的環境中，靠著努力擰毛巾、套招循公式，兢兢業業發展的經營者，也許可以壯大。但在「不斷再合

理化」的數位環境中，這樣的經營者如果沒有別人所缺的獨特價值，卻也比較容易在新型態的市場競爭中「被合理化」掉。

問題 3：「照著這樣去想去做，真的會有用嗎？」

就像為了登高山需要事先鍛鍊身體，但按照合理的方式鍛鍊了，提高了登頂的實力，仍可能因各種因素最後未必能夠登頂。又像為了減重而多方理解飲食控制之方，但理解後的實踐，卻也不一定能如願達標。本書中迄今所討論的數位轉型各個面向，當然也只是多變數位環境中，就著長期經營的企圖可能相對合理的一些推理與歸納。

以上這三個問題，都直接連結到數位轉型所需的**「常識」**。

從無人駕駛車到客服機器人，只是人工智慧挾龐大數據與演算力，逐步取代市場中有標準作業程序人力的開端。而這個取代過程的背後，是隨著技術發展尋找更合理出路的資本。在這樣的環境中，許多場域裡的遊戲規則正在改變；數位轉型的過程，因此也就是個適應新環境動態、啟動創新的過程。除了稍早討論的各種「包袱」，在這個新局中，我們的企業和人，還面對若干長時間積累出的「慣性」，可能抵銷轉型的意志。

本書開頭曾討論到，對多數企業的長期發展而言，數位轉型宜把「效能」放在「效率」之上。但是，在「做對的事」的效能追求上，對於什麼是「對的事」、怎樣才「對」的思考，在沒有標準答案的變動環境中，恰恰不是我們文化中根深蒂固、從業界人士到學生都在行的「解題」習慣，所能妥善應對的。**隨著長期教育薰陶所形成的「解題文化」，各行業在應對數位轉型這件事上，比欠缺數據能耐更麻煩的，其實是創意與想像力的相對薄弱，以及與之互為因果的欠缺耐心、「怕和別人不一樣」。**

　　我們的社會向來比較鼓勵、企業比較習慣的，是一條從現在延伸到未來的線，看得到、算得出何時會有什麼實際成果的事。例如企業蓋個廠幾年後可以回收這類照著財務管理課本，當作題目可以一步步計算而解出答案、可以規畫具體成效的事，眾人都在行。相較之下，對於抓大方向，見招拆招，沿路鍛鍊累積獨特能耐，峰迴路轉之際抓住機會創造新議題、開拓新局面的走法，則相對陌生。說要「補課」吧，重點在於數據連結創意／想像力的循環相迭。而落實這般循環相迭的可能性，只有在看重「常識」、不迷信也不在乎「和別人不一樣」的組織與社會中，才會相對高些。

　　中文世界說「常識」，一般連結到的是「知道大家都知道的事」。有趣的是，英文裡說 common sense，韋氏字典的定義

則是 "sound and prudent judgement based on a simple perception of the situation or facts." （基於對狀況或事實的簡單理解，所做的合理而謹慎的判斷）

「不斷再合理化」，其實就是這 common sense 的不斷運作。

6.3
兩種數位轉型

曾經有個「擁有上百家公司，分公司遍及全球，員工達 3 萬人」的企業，在媒體上被譽為擁有「第一名的管理品質」。媒體當時報導它不斷創新的各種成功因素，諸如：

「一個有活力的內部市場提供創造財富的新構想，使任何想法都有被提出的機會。」

「想使各種市場更有效率的熱忱。」

「對創業者提供高激勵誘因，使他們分享創造出來的財富。」

「流動的組織界線，使技能與資源可隨時依需要靈活重組。」

在各項報導中，這家企業「每踏進新行業，必定運用創新營運模式」，而它「能夠創新，是靠大膽激進的冒險精神，背後更以知識、情報、訊息匯成資訊系統」。在這樣的基調之上，該企業「為了應付經濟驟變，以及瞬息即逝的商機，發展出整套管理哲學，例如組織不斷分裂、徹底授權、悉心培養經理人」。總之，憑著這些開創性的作為，該企業被譽為「開創經濟模式，夾著舊經濟基礎、新經濟大膽創新，在新舊經濟交替的 21 世紀，已經開創新的一頁」；並且屢屢獲得最佳雇主、最創新企業等媒體頒授的頭銜 [19]。

這家把「正直、溝通、尊重、卓越」（Integrity, Communication, Respect, Excellence）作為企業庭訓，嵌在總部大廳大理石板上的企業，現在已經煙消雲散。它，叫做安隆（Enron）。

憑藉歷史的縱深，比較容易讓人看清商業世界裡的虛與實。把時間拉長一點，還是相對「務實」的企業，能比「務虛」者活得久、活得好些。

企業的數位轉型，亦復如此。

---

[19] 引號中的文字，來自台灣主要商業媒體當時對該企業的幾篇報導專文。

今天若干企業談數位轉型，主要把力氣花在趕集式的公關層次。譬如幾年前吹了股「平台」風，便宣示要打造「XXX 平台」；「大數據」正火的時候，就開始「經營 YYY 大數據」；「區塊鏈」流行之際，則大力發展「ZZZ 區塊鏈」。這些公關語言背後的投資，發展脈絡常常紊亂不明，也沒有累積修練的長期準備。相關的人力物力花費，很大程度就像放煙火。醒目不在話下，光彩或許有，但這類數位轉型，很難收到長期的效益。

表 6-2　兩種截然不同的轉型觀

	型一的轉型觀	型二的轉型觀
轉型的目的	提升效率，創造利潤	確保事業的長期經營
轉型的本質	跟著市場流行走	不斷再合理化
轉型的核心	導入新技術、提供新服務	以數據與創意深化客群經營
轉型的要領	跟得上潮流	對於顧客而言的攸關性
轉型的跨幅	看下一季度、下一年度	為未來幾十年做準備
轉型的花費	流水般的費用項目	核心資產的累積投資
轉型的重點	不要落伍	不要死

之所以「放煙火」，常是緣於企業掌舵者「怕落後」，而就著「怕落後」的心態擘畫企業轉型，通常難以搔到癢處。**相對有實益的數位轉型，其出發點常是經營者較透徹地看懂了數位這個局，為了長期「求生」而謀變。**

　　所以，如**表 6-2** 的勾勒，數位轉型其實有兩型。我們以一本書的篇幅，至此完成了環繞著「型二」轉型觀的各面向討論。就著整本書的探討內容來論斷，企業數位轉型，可能既不「知易行難」，也不「知難行易」；說是「知難行難」，倒可能更貼切些。

　　無論如何，希望這本小書替讀者稍解數位轉型「知」方面的若干難處。而接下來，就是實踐的苦功了。

數位轉型全攻略：虛實整合的WHAT、WHY與HOW

作者	黃俊堯
商周集團榮譽發行人	金惟純
商周集團執行長	郭奕伶
視覺顧問	陳栩椿
商業周刊出版部	
總編輯	余幸娟
特約編輯	羅惠萍
責任編輯	涂逸凡
封面設計	Javick工作室
內頁設計排版	邱介惠
出版發行	城邦文化事業股份有限公司-商業周刊
地址	104台北市中山區民生東路二段141號4樓
傳真服務	（02）2503-6989
劃撥帳號	50003033
戶名	英屬蓋曼群島商家庭傳媒股份有限公司城邦分公司
網站	www.businessweekly.com.tw
香港發行所	城邦（香港）出版集團有限公司
	香港灣仔駱克道193號東超商業中心1樓
	電話：（852）25086231傳真：（852）25789337
	E-mail：hkcite@biznetvigator.com
製版印刷	中原造像股份有限公司
總經銷	聯合發行股份有限公司 電話：（02）2917-8022
初版 1 刷	2019年（民108年）8 月
初版 5 刷	2022年（民111年）3 月
定價	380元
ISBN	978-986-7778-79-6（平裝）

國家圖書館出版品預行編目資料

數位轉型全攻略:虛實整合的 WHAT、WHY 與 HOW /
黃俊堯著 . -- 初版 . -- 臺北市 : 城邦商業周刊 , 民 108.08
　　面;　公分

ISBN 978-986-7778-79-6(平裝)

1.企業經營 2.數位科技 3.產業發展

494.1   108011969

金商道

The positive thinker sees the invisible, feels the intangible,
and achieves the impossible.

惟正向思考者，能察於未見，感於無形，達於人所不能。 —— 佚名